只管盛开 蝴蝶自来

做个性格完美的女人

樊璟 著

中国纺织出版社

内 容 提 要

性格决定人的命运。一个完善的性格，对女孩的人际关系、工作生活、恋爱婚姻等都有着重大影响，好的性格更容易让女孩获得幸福。

本书从完善女孩性格出发，通过对各种性格的细致描述和讲解，让女孩克服性格劣势，修炼出积极乐观、自信果断、开朗大方、温婉善良等好性格，并且通过自我的提升，达成生活的目标，享受到努力的果实。

图书在版编目（CIP）数据

只管盛开　蝴蝶自来：做个性格完美的女人／樊璟著.--北京：中国纺织出版社，2018.5
ISBN 978-7-5180-4863-2

Ⅰ.①只… Ⅱ.①樊… Ⅲ.①女性—性格—通俗读物 Ⅳ.①B848.6-49

中国版本图书馆CIP数据核字（2018）第070911号

责任编辑：闫　星　　特约编辑：李　杨　　责任印制：储志伟

中国纺织出版社出版发行
地址：北京市朝阳区百子湾东里A407号楼　邮政编码：100124
销售电话：010—67004422　传真：010—87155801
http：//www.c-textilep.com
E-mail：faxing@c-textilep.com
中国纺织出版社天猫旗舰店
官方微博http：//weibo.com/2119887771
北京市密东印刷有限公司　各地新华书店经销
2018年5月第1版第1次印刷
开本：710×1000　1/16　印张：14
字数：202千字　定价：36.80元

---

preface

前言

每个女孩心中对于未来都有着美好的愿景：一个美满的家庭，一份钟爱的工作，三五知己好友……凡此种种，都是构成她们心中幸福人生的重要组成部分。当那些幸运的女孩获得梦幻般的幸福与成功时，人们往往将一切归功于她们的相貌或是背景、才华或是运气，却总是忽略了成功路上最重要的因素：性格。

性格对于每个人的人生都有着举足轻重的影响。毛佛鲁曾说，“一个人失败的原因，在于本身性格的缺点，与环境无关”。生活中，从我们个人的心理、情感状态，到我们面向社会的职业、人际发展，无一不与我们的性格相关。一言以蔽之，即性格决定命运。

古语云：“水能载舟，亦能覆舟。”对于人生来说，性格的巨大影响也是如此。性格能够锻造出辉煌的成就，也能酿造出苦涩的悲剧；性格能助我们登上人生的顶点，也能将我们推入无底的深渊。因此，想要拥有幸福的人生和成功的事业，就必须培养出良好的性格。

对于女孩来说，一个良好的性格，犹如一位命运的魔法师。它能让你气质出众，更加耀眼动人；它能让你善解人意，更受大家欢迎；它能让你勤学善思，更添迷人内涵。尤为重要的是，女孩的健康成长、美好生活，都离不开好性格的助力与滋养。

心理学家指出，人的一部分性格会受到遗传基因影响，即先天性格；但这并不表示，人的性格无法改变。心理学家同时指出，后天环境对于人的性格具有更大的影响，人的性格形成与家庭和社会环境密切相关。古人云：“积行成习，积习成性，积性成名。”外国也有谚语云：“播下一个行为，收获一种习惯；播下一种习惯，收获一种性格；播下一种性格，收获一种命运。”可见，对于性格的形成，中外看法基本一致。

从出生伊始表现出一些性格特征，到渐渐形成较为稳定的人格，在这个成长的过程中，我们受着环境的影响，同时也可以主动为培养自己的良好性格付出努力。人的性格受到自我意识的调节与支配，只要我们有意识、有目标地自我修炼，我们的性格就会逐渐朝着理想的方向迈进。年轻的女孩正处于性格发展与定型的关键期，因此更应把握时间、珍惜机会，客观认识自己的性格并努力做到扬长避短、存良去莠，令自己不断成长、不断进步，以适应社会、收获成功。

我们常说，“江山易改，本性难移。”可见，修炼性格、完善自身并不是一件容易的事。然而，绳锯木断、水滴石穿，只要女孩有着锲而不舍的决心和相得益彰的法门，必能马到成功，心想事成。我们推出这本书，便是为了让女孩能够掌握改变性格的方法，为女孩拥有健全的性格和美好的人生助一臂之力。

本书从女孩经常面对的各类问题着手，从各个不同的角度对性格问题进行较为全面的剖析，以望帮助女孩更加轻松、明了地理解并掌握优化性格的方法。在内容上，本书以深入浅出的语言为主，并配以生动形象的事例和良好性格修炼术板块，改善了读者的阅读体验，增强了本书的实用功能。无论你是正值青春期的懵懂女孩，还是初入职场的初生牛犊；无论你是在因为人际关系而头痛欲裂，还是在为了事业低谷而一蹶不振，相信拿起本书的你，在精心阅读后，定能找到医治顽疾的良药，以健康的身心迈向人生新的起点。

编著者

2018 年 2 月

CONTENTS
目　录

第01章
打造积极乐观的性格：做个正能量满满的女孩

莎士比亚曾说："聪明的人永远不会坐在那里为自己的损失而哀叹。他们会用情感去寻找办法来弥补自己的损失。"人生在世，没有人能够拥有一帆风顺的人生，能够不经过风雨的洗礼就享受美丽的彩虹。年轻的女孩初入社会，往往会面临许多意想不到的挫折与失败。面对这些接踵而至的打击，措手不及不能解决问题，惊慌哭泣更毫无裨益，女孩唯一能做的，就是学会笑着接受，坦然面对。困难灾厄是一个欺软怕硬的懦夫，当女孩对它展露出乐观、积极的微笑和勇敢、坚强的意志时，它就会逃之夭夭。笑着度过每一天，充满正能量的女孩是无可匹敌的勇者。

乐观性格是成功路上的第一助力

乐观，对于个人的成长与发展有着十分重要的积极影响，是人类个性特征中最为积极的一种。乐观的人，不论处在怎样的困难中，不论面对多么恶劣的环境，都不会对未来失去信心，他们往往能够保持积极向上的心态，坚信黑夜终会迎来曙光，坚信事情终会朝着好的方面发展。

乐观的女孩对人生充满希望，她们总是以积极心态迎接生活中的每一个明天。面对挫败，她们永不言弃，总是面带微笑，迎接一个又一个的挑战，耐心等待成功的来临。

小白和小红是一家广告公司在南京的分公司的员工，小红是前台，小白是文员。小红是办公室公认的美女，公司的许多男同事都对她很有好感，经常约她吃饭、看电影。小白长相普通、穿着打扮也很一般，和穿着靓丽的小红一对比就显得更朴素了。除了口头禅“没什么，一会儿就好了”，她似乎没有什么特别的地方。然而，她们进公司半年后，在公司的年会上，大家投票选出的最受欢迎的员工竟然是小白，而不是很受大家追捧的小红。

一起参加年会的还有总公司的员工，他们对分公司的男士选择普通的小白的行为感到不解。于是大家开玩笑说是不是因为小红太高冷了，而小白性格好，可以帮不少忙，所以为了讨好她才投的票。

分公司的一个男士代表大家说出了他们的想法。小红是很漂亮，带出去约会也很有面子，但是，即使这么漂亮，她也十分不自信，一起看电影，只要看到比自己好看的女孩，她便会神经紧张地频繁补妆。而且她对事情的看法也总是十分悲观，大家一起聊天的时候，从她那听到的永远是不可能，怎么会有这种好事，别做梦了等十分打击人的话。男人嘛，都讲面子，谁被质疑多了都受不。

但是小白就完全不一样了，她对所有不好的事的回答都是“没什么，一会儿就好了”。而这句话就像被施了魔法一样，真的有很多事情都在不久之后顺利解决了。小白的工作其实也不简单，每天都要在各个部门之间连轴转，但是不管什么时候，大家看到小白时，她总是在笑。这笑容对压抑工作了一天的人来说简直太治愈了，所以大家很喜欢她。

乐观，是困境中满怀希望重新出发，是挫折下展开双翼再战蓝天。乐观让我们心境更为旷达，意志愈发坚定。只有乐观的女孩，才能等到雨后彩虹的璀璨容颜，在孜孜不倦的奋斗中享受生活的乐趣；只有乐观的女孩，才能看见五彩绚烂的缤纷人生，在正能量的包围里散发无穷的魅力，并深刻影响着周围的人。

良好性格修炼术

趋利避害是人之本性，追求快乐、回避痛苦更是人的本能选择。生活中，人们总是更喜欢与那些时刻微笑、心态乐观的人相处；对于那些满面阴郁、整日颓废沮丧的人，除却友善的关怀，人们更多的选择是避而远之。那么，女孩该如何修炼好乐观的性格，让自己变成一个快乐的、更加受人喜爱的人呢?

1. 要重视暗示的力量

心理研究表明，暗示不仅对一个人的心态有着十分重要的影响，甚至关系到一个人的健康、工作和生活的状态。很多时候，一个微弱的自我暗示，就有可能影响到我们的自我认知，乃至对于整个局势的判断。积极的自我暗示，能够给我们带来勇气与力量，帮助我们战胜环境的影响，帮助我们走出失败的阴影。遇事多作积极的自我暗示，再大的风雨也会成为强化我们身心的机遇。

2. 要重视影响的力量

相对于男性，情感细腻的女性更易受到身边人的影响，容易与人同喜同悲。所谓“近朱者赤，近墨者黑”，周围之人对于一个人心态的潜移默化是不可忽视的问题。因此，女孩在平时应尽量与乐观的人相处，感受他们的快乐，学习他们的心态。多看看别人的笑，你的嘴角也扬了起来；总陪着别人哭，你的眉头又如何展开?

3. 要重视习惯的力量

人生不如意十之八九，人的一生难免要经历各种悲伤苦痛。无论这种负面情绪的源头是谁，我们都没有必要用别人或自己的错误不断惩罚自己。人生短短数十载，将宝贵的生命浪费在悲伤中，实在是暴殄天物。难过时，多想想快乐的事；痛苦时，多想想那个快乐的自己。当苦中忆乐形成一种习惯，当你已经善于用笑声代替眼泪，从今以后，你将不再被负面情绪捆绑。

知识点链接

乐观，是建立在正确自我认识上的自信，是面对困难不轻易言弃的勇气，而不是盲目自大、目空一切，不是脱离实际、顽固不化，更不是阿Q式的精神胜利法。积极进取的前提是认清现实，旷达冲淡的基础是心中有数，只有这样的乐观，才是值得提倡的，才是对我们的人生有利无害的。

不要老是抱怨命运只对自己不好

在我们的身边，经常充斥着这样的声音：“我已经努力了，运气不够，我也没办法。”“他的命就是比我好，输给他有什么好说的！”“老天爷看不得我好，总是玩了命地整我。”很多人一遭受挫败，就习惯性地怨天尤人，感叹时运不济、命途多舛，却从不从自身寻找原因。然而，除了诸多客观因素外，我们的种种失败，真的是已经努力到无法再努力，尽人事听天命得到的结果吗？

在这个竞争压力愈演愈烈的社会，想要在如此残酷的环境中立足、生存，乃至实现自身价值与心中理想，需要我们坚持不懈地奋斗。小小的我，既然改变不了大大的环境，便只能先从自我做起，多从主观方面寻找原因。自我暗示有着不可忽视的力量，它能激励我们昂扬的斗志，也能羁绊我们前进的脚步。凡事多从自身找原因，相信命运掌握在自己手中，多给自己一些积极的暗示，微笑的你，才能得到命运的厚待。

阳阳大学毕业 5 年了，依旧在一家电子厂的最底层工作。阳阳只要想到身边的朋友不是有了满意的工作，就是拥有了幸福的婚姻，就觉得自己的命太差了，尤其是看到她的发小圆圆时。

阳阳和圆圆从小就认识，直到大学毕业，两人都在同一所学校，但是大学毕业后，两人的命运却发生了天翻地覆的变化。圆圆毕业后去大城市找工作，后来进了一家广告公司，两年前嫁给了公司的高管王总。阳阳毕业后留在家里，在家人的安排下，进了现在的电子厂，后来又相亲认识了她的老公——电子厂的经理小贺。小贺虽然是经理，但是实际上没什么本事，结婚几年了，也没把阳阳从最底层给升上去。每次只要一想到自己这个不争气的老公，再对比圆圆幸福美满的婚姻，阳阳就觉得十分遭心，除了抱怨还是抱怨，老是跟别人说自己命不好。时间长了，话传到小贺那里，小贺觉得阳阳伤了自己的尊严，和她大吵一架，说是她自己不思进取，所以才错失了升职的机会。

上天从来都是不公平的，它赋予每个人参差不齐乃至判若云泥的家世、才华、容貌、身体，让我们自出生起就与他人有了距离；上天也从来都是公平的，它让每个人都拥有属于自己的长短，让每个人都拥有通过努力改变命运的机会。

听天由命等不到成功，怨天尤人也换不来幸福；消沉与抱怨只会让你远离快乐，只有勇敢地发出铿然有力的抗争之声，你才能震慑命运，你才能掌握命运。

良好性格修炼术

身处困境，面对厄运，女孩不能就此颓废沉沦下去，更不能怨天怨地怨人；积极寻找破解之法，通过改变自身，顺势而为，方为理想之道。

1. 与其抱怨别的，不如反省自己

面对怨妇，人人都是避之唯恐不及的。她们的抱怨不仅无法解决自身问题，更会让被迫聆听的人不胜其烦。一个巴掌拍不响，无论是人与人之间的摩擦，还是人与事之间的矛盾，一旦出现问题，往往双方都存在一定的错漏，只是程度不同而已。与其埋怨对方，不如多反省自己。只有找到问题的关键，对症下药，才能及时、有效地解决问题，向着自己的目标更进一步。

2. 面对现实，接受现状

如果食草动物只知抱怨上天没有给自己尖利的爪牙，那么恐怕早已从这个地球上消失。为了生存，它们练就了灵敏的身手，迅猛的速度，它们学会了各种逃生、求生的技能。物竞天择，适者生存，面对社会中种种不公平的现象，女孩如果明白自己的抱怨或抵触并不能带来改变，那么就应放下心中的纠结，着手改善自己，令自己更加适合这个社会，更加善于在竞争中生存。

3. 得失之间，淡定从容

面对挫败，面对失去，我们会痛苦，会抱怨，往往是因为得失心太重。时光流逝，万物发展，任何一样东西都不会永远被我们牢牢抓在掌心。无论是成功还是失败，凡事有得必有失，有失必有得。珍惜你现在拥有的，放下你曾经失去的，得失之间，女孩应懂得取舍，懂得看淡。

知识点链接

我命由我不由天，任何人的命运，都掌握在自己手中；任何人的人生，都是由自己一次一次的选择、一步一步的脚印积累起来的。怨天尤人，最终只能伤害自己。努力去做那个最好的自己，让“不公平”的老天，也无法再小觑你。

乐观的女孩更坚强、更有韧性

幸福的生活，理想的成就，就像那对岸的伊人，吾欲寻之，总叹道阻且长。人生路上，难免坎坷，美好的彼岸，总是需要我们历经一番披荆斩棘、过关斩将后，才能最终到达。面对荆棘丛生的命运之途，面对千难万险的人生之路，我们会因困顿而犹疑，会因挫折而痛苦。然而，犹疑过后，甩去脑中退缩的想法，我们依旧要继续前进；痛苦之余，擦干脸上悲伤的泪水，我们仍然要再次启航。

毛主席曾诗曰：“牢骚太盛防肠断，风物长宜放眼量。”告诉人们在苦难面前要少一些抱怨，须想得开看得远，豁达一点才能海阔天空。青春期的女孩们，正处于性格的塑造、形成期。对于未来的生活，或许你还没有明确的目标，没有周详的计划；但对于当下的自己，你应把握时机，主动地锻造自己乐观的性格，培养自己积极的心态。乐观的女孩，无论将来遇到怎样的狂风骤雨、艰难险阻，都能坚韧不拔，笑对一切。

1985年9月18日，在墨西哥城的华雷斯医院里，一个名叫胡安娜·哈思敏·阿里亚斯的女孩出生了。她似乎是个不为命运所喜的孩子，因为，她刚出生几个小时，墨西哥就发生了强度高达8.1级的地震，她的妈妈也在此次地震中丧生；然而，她又是个被上帝眷顾的孩子，因为她幸运地活了下来，她是救援队从医院废墟中救出的第一个孩子。

然而，命运对她的玩弄并没有终止。因为难以承受丧妻之痛，父亲竟抛却了天伦之爱，对尚在襁褓中的胡安娜十分冷漠。好在上帝依旧眷顾她，担起胡安娜抚养之责的姨妈，一直都尽己所能地疼爱胡安娜，从未让胡安娜感到她和亲生母亲有什么不同。因此，即便有人问胡安娜对于母亲丧身于灾难有什么想法，胡安娜也不会觉得被人揭开了伤疤。在她看来，姨妈的爱，让她与周围的人没有什么不同。

在面对记者的采访时，胡安娜说，因为很清楚自己能够活下来，是上天的恩赐，是命运的奇迹，所以，她要做的就是“朝前看”。她以积极的态度和感恩的心，回报那曾经不肯善待她的命运。终于，命运在她的感召下，向她伸出了友善的手。

胡安娜的人生态度和乐观精神，值得我们每一个人去学习。事已过去，就是历史。无论多么吊诡，无论多么惨痛，试问世间众人，谁又有改变历史的本事呢？面对人生中的波澜坎坷，面对尘世间的天灾人难，我们可以悲伤，可以宣泄，却不能长久沉湎于此。灾祸过去，我们依旧活着，依旧要踏上明天的征程；世界依旧美丽，依旧会向我们展开它的怀抱。

抛却伤心的过往，忘掉悲痛的曾经，每一天都是崭新的一天，每天的我们都是崭新的自己。面对苦难，悲观主义者只看到撕心裂肺的伤口和痛楚，而乐观的女孩，却能从中获得奋起而争的勇气与力量。

良好性格修炼术

已经发生的事，从不会因为人的心意而转变，为了打翻的牛奶哭泣，浪费的只有我们自己的情感与时间。一次跌倒在地，便犹疑逡巡，甚或就此放弃，我们将永远看不到明天的希望。女孩们，笑着站起来，拍拍身上的尘土，以你的坚韧，重新踏上旅途。

1. 过犹不及，无为而治

相信很多人都有这样的感受：很多时候，你越想去忘记一件事，脑海中便记得越清楚。这是因为你在强迫自己忘却时，心中反而不断回忆、不断加深印象。凡事都需要一个循序渐进的过程，所谓事缓则圆，急于求成只会给自己带来更大的伤害。

2. 移花接木，多去关注别的事

有意识地去做一些事，转移自己的注意力，是忘却的好办法。很多时候，那些纠缠我们的痛苦过往，总是会在不经意间浮现心头，令人猝不及防。这时，女孩不必过于懊恼，痛恨自己“没出息”“拿不起放不下”，这样只会让自己继续深陷。这时，只须主动去做一些其他事，让自己不再专注于回忆，一段时间后，你会发觉心情已经在不知不觉中平复下来。

3. 合理宣泄，疏强于堵

当我们心中因为一些负面记忆产生不良情绪时，及时疏导也是令女孩今早放下的重要手段。不良情绪犹如一颗毒瘤，只有及时医治，才能防止它继续恶化。找一些适合自己的宣泄方式，如向知己倾诉、运动、逛街、看书、听音乐等。当情绪恢复时，你就可以告诉自己，原来也没什么大不了的，痛苦可以消解，往事也终有一天会成为过眼云烟。

知识点链接

忘却，不是将一切从记忆中一笔勾销，不是彻底抛弃我们经历过的人生。忘却逝去的人，不是将他们从我们脑海中抹去，而是将他们珍藏心底，化为我们美好的记忆，化为我们前进的动力，让已成为天上星辰的他们，为我们的幸福而欣慰；忘却悲伤的事，不是将那段痛苦的经历彻底否定，而是放下执念，收起泪水，从痛苦中汲取经验教训，为下一次的前行作好准备。

你看到的是什么

在学生们的翘首以盼中，新来的心理辅导老师走进了教室。他一言不发，径直走到白板前，在上面画了一个黑点，然后转身问学生："你们看到了什么？"

"一个黑点。"学生们众口一词地答道。

"只有一个黑点吗？"老师沉吟片刻，看着满脸疑惑的学生们，反问道，"对于这块白板，大家都视若无睹吗？"

这一堂课给学生们留下了深刻的印象，也给大家带来了极大的启发。换作我们，眼中看到的会是什么呢？是否也如同那群学生一般，只被那个渺小的黑点吸引了目光？

黑点，就像生活中的不如意，就像我们所要经历的苦难。生活中难免有风雨雷电，但大多数时候，依旧是阳光普照的。为什么我们只在意到那些风雨阻路的日子，却忽视了素日里温暖和煦的阳光呢？

王芳今年24岁，在一家售楼公司做前台，她的男朋友是在同一家楼盘工作的销售员何伟。在朋友和同事眼中，王芳是一个很幸福的姑娘，工作轻松、收入稳定，男朋友就在她身边，还对她好得要命。然而，王芳眼中却不是这样的，与朋友和同事在一起聊天时，她总是在抱怨工作中遇到的客户有多可怕，男朋友有多不上进，仿佛所有的美好到了她眼里都成了诟病。

这种将所有美好都变成诟病的直接结果就是她成了大家眼里的怨妇，领导觉得她的气质与前台所要求的温婉、耐心不符，将她调去了一线的售楼现场，工作比以前累了不止一倍，待遇却差不了多少。她的男朋友何伟因为不堪忍受她总把自己拿来和其他男人比较，提出了分手。生活发生如此大的转变，王芳终于醒悟，她之所以觉得不幸福，说到底就是因为自己太不知足，所以看不到生活的美好。

我们常说，看待问题的角度不同，得出的结论也不同；得出的结论不同，我们受到的影响和采取的行为也将由此不同。而我们选择的思考角度，源自我们的心态，源自我们的信念。乐观的人，凡事都向积极方面考虑，奋发向上，绝不轻易言弃；悲观之人，往往只会看到那个“黑点”，只会感叹好好的白板就此失去了无瑕的纯净。初入社会的年轻女孩，即便无法事事乐观，也应尽力做到凡事从多个角度考虑，看到阴影的同时，也多去寻找它背后的阳光。

良好性格修炼术

生命本是一场修行，悲欢离合，人生五味，都是我们修行路上必经的风景。喜欢一马平川，也不妨学着接纳崇山峻岭；尝惯了美酒佳肴，也要能品出残羹冷炙中的滋味。用欣赏的目光看待生活，生活会反馈给我们更多的美好。

1. 爱我所有，爱我所选

人们觉得自己不够幸福、不够成功，不如人好、不如人强，往往是因为只盯着别人手里的，却忘了自己怀中的。然而，别人的成就未必是你倾己所有便能达到的成就；别人的珍宝也未必是能让你获得幸福人生的凭借。气人有不如乐己所有，笑人无不如安于己无，自己拥有的，才是最适合自己的，才是最珍贵的。人世间最大的痛苦，往往来自有时不珍惜而无时痛断肠。珍惜眼前，活在当下，才能享受每一天的精彩，享受每一段人生的风景。

2. 从不同角度看待问题

任何事物都具有两面性，乃至多面性，学会用辩证的眼光看待问题，女孩便能更加从容地面对各种问题乃至考验。凡事有利必有弊，弊中也必然蕴含着利，遇事不要只关注眼前看到的一点，后退一点，你能看得更多，看得更远，你能更加全面地看待整件事。从多个角度出发，看到事物的多面性，也就看到了生活中的五彩斑斓。

3. 多一些感恩，少一些要求

对世界，对他人，对万事万物，多一些真诚的感恩，少一些苛刻的要求。多一些感恩，便更懂得珍惜眼前的美好；少一些要求，便少生出不满，少生出怨怼，便能在荆棘中发现花朵，在风雨中看到阳光。用欣赏的眼光看待世界，你的人生将处处充满惊喜。

知识点链接

世上从来没有十全十美的事，更没有十全十美的人生。一张白纸自问世后，若始终洁白无瑕，也就失去了其自身的价值。同样，若没有酸甜苦辣、百般滋味，数十年如一日地“风调雨顺”，这样的生活，我们过来又有什么趣味呢？我们应该珍惜白板的纯净，但也不必放大“黑点”；我们理当追求人生的幸福，但也无须惧怕命运的挑战。

不要放大自己的痛苦

生活中，有的人因为旁人看来并不严重的事萎靡不振，甚至作出无法挽回的选择；有的人在旁人认为不可能渡过的难关中紧咬牙关，最终成就世人难以企及的辉煌。之所以出现这种天壤之别，其根源在于每个人自身的心态，在于每个人对于事物的不同看法。

德国哲学家叔本华曾说：“事物的本身并不影响人，人们只受自己对事物看法的影响。”对于一件客观事物，我们的心态影响我们看待它的角度；而我们看待它的角度，将直接影响到我们的判断和行为，从而产生相应的结果。例如挫折，如果你将一次失败视为生命不可承受之重，视为人生难以逾越的鸿沟，那么，这次挫败带给你的痛苦将变得无限大，你也会在这种压力下痛不欲生，难以自拔。但是，如果你能坦然一些、乐观一些，将这次失败视为一次不算成功的尝试，视为一次摒除错误的机会，那么，原本的绊脚石，将变成你成功路上不可或缺的垫脚石。

古时候，有两个靠打鱼为生的人，在一次出海时，不小心被一种不知名的生物咬了一口。之所以说不知名倒不是因为他们真的就不认识，而是因为那生物跑得太快，他们俩连影子都没见着，只见到自己的小腿和脚腕被咬出了一个黑点。

刚被咬的时候，伤口有一点灼痛，两人都不敢怠慢，赶紧回到船舱内休息。被咬到脚腕的渔民休息了一会儿，觉得伤口不那么痛了，想着应该是被什么小虫子咬了，便不再在意，而是赶紧去收网，准备返航了。被咬小腿的渔民休息了一会儿看到小腿仍旧红肿着，想着自己一定是被什么毒蛇咬了，越想越着急，越着急越觉得小腿痛得厉害，竟开始坐立不安起来。

被咬到脚腕的渔民收完网回到船舱，见自己的朋友正痛苦地在床上挣扎，便问他怎么了。另一个渔民听了便伸出自己的小腿，说他们肯定是被毒蛇咬了，现在毒性正在扩散，他们肯定活不成了。被咬到脚腕的渔民听他这么说，笑着安慰他说："不可能的，我的脚腕都不疼了。"便接着去准备回航的事了。

被咬到小腿的渔民仍旧不相信，坚持说自己的腿越来越疼了，过了一会儿，为了防止毒性蔓延到身体，竟拿着斧头砍断了自己的小腿。两人回到岸上，找医生诊治，医生为他们作了检查之后说："咬伤你们的只是普通的水蛇，虽然会留伤口，但是并没有毒性，这条腿算是白断了。"

《圣经》中说："播种什么，收获什么。"人生的果实，并不源自我们经历的种种；我们自身的心态，才是我们在生活的土壤中撒下的种子。我们将收获怎样的人生，将领略何等的风景，都取决于我们的内心。

真正决定事物走向和结果的，从来不是事物本身，而是能够对该事物产生影响和作用的人们对于它的看法与判断。我们的内心，才是一切结果的根源。很多时候，我们的痛苦，并不来自挫败，而来自我们无法豁达的心。痛苦的程度，并不取决于事态的轻重，而是取决于我们的看法。心态乐观的人，举步维艰中笑谈风云；悲观主义者，鸡毛蒜皮中哀声叹气。那些被我们自己放大的痛苦，除了折磨我们的身心，并不能为我们的人生带来任何益处。既然如此，何不积极一些，乐观一些呢？艰难的困境中，我们无法逃避打击，却可以调整自己的心情，让痛苦不再扩大；人生的海洋中，我们无法呼风唤雨，却可以调整自己的风帆，让航船一路远行。

良好性格修炼术

人们常说，湿柴不起火。悲观的人整日灰心丧气，放大困难、放大痛苦，这样的人生态度，无论如何也无法为他们带来成功。女孩想要保持乐观积极的心态，不妨从以下几个方面着手。

1. 多作积极的自我暗示

自我暗示对于人们的巨大影响在前文已介绍过，这里无须赘言。在平时，女孩应养成多作积极自我暗示的习惯。当你不断以这种乐观的思想对自己的潜意识进行灌输后，你会发现，面对事物时，你总是能以良好的心态去对待、去接纳。

2. 多考虑积极的方面

老师怀疑你作弊，令你自尊受挫，你却可以用稳定的优异成绩证明自己的实力，从而更受众人敬佩；同事诬陷你，令你丢了工作，你却因此远离了轻信谗言的上司，更因此知道人心隔肚皮，从此不再人人面前掏心掏肺。事物都具有两面性，世上没有绝对的好事，更没有十足的坏事。当某件事的狰狞面孔创伤了你的身心时，你不妨绕到它的背后，主动去寻找、去思索它为你带来的益处。

3. 多作客观的评断

乐观而不盲目，积极而不激进，方是女孩为人处世的理想心态。不去放大痛苦，不等于对待挫败满不在乎，不等于对待错误熟视无睹。对于每一件事物，尤其是给我们造成痛苦的事物，我们应以理性的态度，对其作出客观中肯的判断。面对痛苦、面对挫折，不放大、不沉迷，是为了保护我们的身心；不蔑视、不忽略，是为了让我们更好地总结经验，更好地掌握将来。

知识点链接

既然人生中的风雨避无可避，那么不如振作起来，用乐观来面对一切。对于每个人来说，积极的心态都是一笔宝贵的财富。狂风摧不垮劲草，当人们经历了各种磨难的摧残、灾劫的洗礼，失去了权力、财产、才华、美貌乃至健康，最终能够助人走出风雨的，只有乐观的心态。

姑娘，失恋并不可怕

也许每个女孩都做过这样一个梦：在最好的年华，在第一次怦然心动的时候，遇到的便是心目中的白马王子，与他轰轰烈烈地相爱，然后约定一生，从此平淡温馨地相守。然而，某项调查显示，初恋情侣能够最终携手走入婚姻殿堂的比例只有1%左右，也即是说，在现实生活中，有99%的人需要接受初恋告败的结局。

失去昔日里与自己花前月下、缠绵悱恻的恋人，对于柔弱感性的女孩来说，不啻为一次严重而可怕的打击。面对突如其来的变故，许多女孩无所适从。她们不能接受自己的真心就这样被抛弃，不愿习惯生活中就这样少了恋人的陪伴。

她们哭泣，她们愤怒，她们对自己产生怀疑；更有甚者，以伤害自己等极端的方式，来宣泄心中强烈的情感，或是企图挽回那颗远走的心。

不可否认，爱情，是人生永恒的主题；但逝去的爱情，还值得女孩为之荒废人生吗？一段感情之所以结束，是因为它出现了严重的问题，是因为爱情中的双方并不适合彼此。那么，一段存在严重问题的感情，一个不适合你的人，女孩真的有信心用一生去维护，用一生去守候么？看透了这一点，失恋对于女孩来说，岂非幸事？

晓菁和她的男朋友黄达从高中毕业就在一起，两人一起走过青葱岁月。大学毕业后，两人为了能在一起，一起来到大城市寻找机会。不久晓菁便在一家艺人经济公司找了个助理的工作，黄达也在一家保险公司找到了业务员的工作。每次同学聚会，只要提到他们俩，同学们都是羡慕得很，因为这份感情实在难得，大家都等着他们的爱情开花结果。有的同学甚至起哄说，因为他们，自己又相信爱情了。

就是这样一对金童玉女，却在不久前宣布分手了。大家感到震惊的同时，都不免为晓菁担心，怕她太伤心以致想不开。但是晓菁却出人意料地并没有消沉下去，班照上、聚会照样参加，甚至看着比以前更活泼了。大家都以为她是憋着，毕竟这么多年的感情，哪能说断就断，便劝她把心中的不快都说出来，晓菁的回答是：“分手后我真的比以前开心。在一起时我们就知道两个人有很多问题，但是一直不敢开口；现在说出来了，我反而想通了，不就是失恋嘛，总好过结完婚再离婚。”

在爱情开始的时候，相信双方都怀有美好的愿望，希望就此停歇，将自己的余生交给另一半。然而，人世间的纷扰，凡尘中的变故，往往让一段感情最终消磨殆尽，难以挽回。失恋，让女孩之前的种种付出付诸东流，让女孩的心中痛楚难耐；然而，失恋也让女孩摆脱了一段可能到来的糟糕的婚姻，让女孩有了重新选择的机会。在这段感情中，美好的过往可以成为青春的回忆，痛苦的遭遇能够生出未来的智慧。走出失恋阴影的过程，也是女孩褪去稚嫩、逐渐走向成熟的阶段。因此，面对失恋，女孩不必惧怕、不必忧心，你失去的，只是一段本就难以长久的感情；你将获得的，是一个更加成熟自信的自己，是一个更懂得爱你、更值得你爱的人。

良好性格修炼术

对于每一个人来说，只要付出真心，就无法在失恋之时保持波澜不惊。失恋带来的强烈的负面情绪，是大部分恋爱失败者无法避免的。那么，女孩应尝试哪些方式，让自己尽快走出失恋的阴影呢？

1. 相见不如不见

有些情侣在分手时，会礼节性地说一句“以后还是朋友”，然而相信大部分人都心知肚明，真心相爱过的人，分手后是很难做回朋友的。异性朋友与情侣之前的情感体验可谓壁垒分明，分手后继续与前任保持频繁联系，要么彼此尴尬，很难找到合适的相处方式，平白给自己添堵；要么藕断丝连，明知无法继续却又难以割舍，无端让自己更加难过。因此，分手后，女孩应尽量减少与前任的联系，不要给自己找借口见他，不要继续关注他的社交网络，不要怀抱着他的物品恋恋不舍，管好自己的心，将一切交给时间和距离来处理。

2. 打开心胸，去接触更多的事物

很多女孩恋爱时，都会以男友为生活的中心，只知绕在男友身边团团转，因而一旦失恋便无所适从，仿佛再也找不到人生的意义。因此，失恋后，女孩要试着打开心胸，重新做回独立的自己。当初那个单身的你，喜欢做什么？如果没有遇到他，今天的你又在为什么而奋斗？多关心因为恋爱而忽视的亲友，多培养因为恋爱而荒废的兴致，充实而忙碌的生活，会让你无暇为失恋而自怜自艾。

3. 提升自己，重塑自信

失恋带来的痛苦，很大一部分源于自信受挫。有些女孩一旦失恋，便觉天塌地陷，人生无望，从此萎靡不振，失去生活的方向。然而，这个世上能够否定你、打击你的，永远只有你自己。我们的自信，来自对自身的客观认识，来自对未来的积极态度，从本质上来说，它是我们发自内心的自我肯定与相信，并非根源于别人的赞美与支持。或许，这段感情的终结，真的是因为你不够好，那么，何不以此为动力，努力提升自己，在不断的进步中重新塑造起坚定的自信呢？

4.改变自己，以更好的状态迎接下一段感情

在大多数情况下，一段感情走向终结，通常是恋爱双方都存在一定的问题，只是问题大小不同而已。分手之后，只懂得埋怨对方，毫不反省自己，不仅会让女孩心中久久难以平息，更会令女孩失去一次改善自己、迈向成熟的机会。走出阴影后，女孩要懂得痛定思痛，认真思索自己在这段感情中的不足之处，积极吸取这段感情给自己留下的教训。这段感情教会了你什么？要善于表达，要懂得体贴，要明眼识人，要用心去爱，还是要真诚以待？无论是哪一点，都有助于女孩不断完善自己，以更好的自己去迎接下一段感情。

知识点链接

曾经有心理学家认为，人们之所以因为失恋而痛苦，其根源是在他（她）的潜意识中，他（她）的个人魅力遭到其尤为看重、信任、依赖之人的否定，从而自尊受挫，自信受到严重打击，因此陷入深深的苦恼中。这一观点得到了不少人乃至众多学者的认同。因此，女孩不要担心自己性格柔弱，无法承受失恋的打击，当你真正自信起来，认清自己的魅力所在时，下一段美好的爱情便会不期而至。

翘起嘴角，微笑就是你的幸运符号

微笑，是世界上最美的语言。它传达着微笑者的友好、善意、快乐、关怀，它体现着微笑者积极乐观的人生态度。面对一个时常保持微笑的人，相信大部分人都会断定他是个乐观的人，是一个能够笑对人生百态的强者。命运是一面镜子，你对着它展颜，它回报你笑容；你对着它哭泣，它回报你泪水。你从命运那里得到的生活，就是你对于人生的态度。

近来，因为一个名叫《爱笑女孩》的喜剧节目，“爱笑的女孩，运气不会差”这句话，已经成为人们耳熟能详的流行语。它之所以流传得如此之快、如此之广，不仅因为节目的火热，更因为这句话背后蕴含的深刻道理。爱笑的女孩，有一颗积极向上的心，有一种乐观豁达的精神。生活里种种挫折意外，她们都能坦然接受，从不因此而失去对未来生活的展望、对美好人生的向往。她们或自信或蕴藉或含蓄或婉约的微笑，不仅吸引着世间众生，更感染着她们身边的人。

笑笑是一名刚毕业的大学生，人如其名，非常爱笑，上学的时候，同学都说笑容是长她脸上了，就没见过她有不笑的时候。难道笑笑就真的没有烦恼吗？当然也有，但是在笑笑眼里，那些烦恼都不算什么，认真把每一天过好才是最重要的。

毕业了，第一步当然是找工作，投完简历一周之后，笑笑接到了一家保险公司的面试通知。周一早上，笑笑和来自其他学校的 4 名毕业生一起参加面试。保险公司的老板分别和 5 个年轻人聊过之后，发现 5 个人资质差不多，一时犯了难，便问人事部经理和销售部经理怎么看。没想到两位经理同时推荐了笑笑，理由还是同一个，这位姑娘的笑很感染人。

原来两位经理在 5 位面试者参加面试之前就曾在大厅里与他们有过一面之缘。当时 5 位面试者正在等楼上的通知，两位经理正好路过，便观察了他们一会儿，他们发现另外4位都是坐在自己的座位上安静地等待，只有笑笑微笑着分别向所有人作了自我介绍，而且很快就和前台的工作人员熟识了。两位经理觉得笑笑身上亲和的特质和她的微笑很适合做销售员，最后笑笑顺利被录用。

微笑，是上天无偿赐予人类的权利。微笑，为你彰显着快乐与自信；微笑，为你发展着和谐的人际关系。无论何时，无论何地，扬起的嘴角，绽放的容颜，都会让女孩看起来更加友善，更加亲和。美国作家F·H·曼狄诺说，微笑可以换取黄金，人们应该多微笑。女孩们，从今天起，就用你天赋的权利，去赢得生命中的黄金吧！

良好性格修炼术

曹雪芹说，女孩是水做的；我们说，微笑是上天赐予女孩的蜂蜜，让女孩更加甜美动人，更加富有魅力。想要变成一个善于微笑的女孩，我们可以从以下几点着手。

1. 一个人时，勤于练习

有些女孩不爱笑，往往是因为对于自己的笑容没有信心，害怕自己笑起来不够美，反而有损形象。对此，女孩不妨查阅一些资料，如空姐笑容培训课程。然后在自己独处时，对着镜子反复练习，根据自身特色，找到最适合自己的笑容弧度。

2. 保持快乐心情，培养微笑的习惯

只有发自内心的微笑，才是美丽的，才是迷人的。女孩嘴角那青春的、无邪的、不假修饰的笑容，是世间最美丽的风景。因此，女孩应保持乐观心态，尽量让自己处于快乐的情绪中。当你的心情能够较为稳定而长久地保持愉悦时，同时也要有意识地告诉自己：既然快乐，那就微笑。如此，微笑就会渐渐成为一种习惯。

3. 尽可能多笑，即便在你不想笑的时候

在合适的场合，女孩应主动要求自己尽可能多一些微笑，即便此刻你的心情有些糟糕。心理学家指出，人的情绪会作用于行为，如难过时会不自觉地皱眉、哭泣；而人的行为，也会反作用于情绪，如当你不开心时，有意识地要自己微笑起来，不久之后你就会发现，自己的心情已然开朗了许多。

知识点链接

微笑不仅能展现女孩良好的心态与风度，在人际交往中，微笑也有着神奇的魔力。然而，对于女孩来说，微笑也要注意场合、注意对象；并不是所有的场合都适合微笑，也并不是所有人都明白你微笑背后的真正含义。在表情心理学中，微笑往往含有“默许”的意思，因此，在微笑之前，女孩一定要看清局势，把握分寸，以免给自己带来不必要的麻烦。

第02章
练就坚韧不拔的性格：不惧困境，做敢于涅槃的凤凰

当今社会，大部分80后、90后的女孩，都成长于“421”家庭模式。飞速发展的社会经济水平，一家一个的掌上明珠身份，令女孩自小便被亲友的关怀团团围绕，享尽万千宠爱，难以体会世事艰辛。在父母长辈的怀抱中，女孩可以撒娇使性，可以做无忧无虑的小公主；然而，当终有一日，女孩不得不离开亲人的护佑，展开翅膀独自翱翔蓝天时，所能依靠的，便只有自己。在这个竞争愈演愈烈的社会，在这个女性肩负起更多社会责任的时代，女孩在面临越来越多的挑战时，也迎来了数不胜数的机遇。年轻的女孩，想要发挥自我价值，完成心中理想，拥有足够的承受力与忍耐力，是实现一切的大前提。每一次成功，背后都隐藏着难以预见的意外；每一份责任，周围都萦绕着重重压力。要立足于社会，要把握好人生，女孩就要练就坚韧不拔的性格，如此才能在种种困境中浴火重生，成为涅槃的凤凰。

想要破茧成蝶，就必须经得起磨炼

在很多人眼中，“柔弱”素来是女孩的代名词，“刚强”“坚毅”这些标签，距女孩可谓十万八千里。然而，在当今这个充满竞争的社会，又有哪个女孩，可以不经历困难的洗礼，不经历生活的磨炼呢？面对挑战，面对压力，想要破茧成蝶，再柔弱的女孩，也要学会坚强，学会忍耐。

从来没有一帆风顺的人生，一切源自个人的努力；从来没有先天的品质，一切源自后天的培养。生就性如钢铁而又一世平顺，这是童话里都罕见的幻梦。生活难免坎坎坷坷，这些风雨在女孩心田留下疤痕，更为女孩留下坚韧不拔的品格。我们只有挺过生活的磨炼，战胜命运的挑战，才能体会到人生真谛，才能将自我价值最大化地实现。

海边有一块一望无垠的沙滩，每年夏天都会有很多游客从五湖四海赶来避暑、游玩。一天，沙滩上的一颗小沙粒听到游客向大家炫耀手上佩戴的珍珠手链，正好这颗小沙粒受够了被人践踏，于是暗下决心，一定要成为一颗珍珠。

正好不久之后，有个养蚌的商人来到沙滩上挑选沙粒，小沙粒毅然决定跟着商人走。其他沙粒都觉得它这样太傻，因为要想成为珍珠，得在蚌壳里待几年，不仅见不上亲人、朋友，无法再享受阳光、雨露，还得忍受无止尽的黑暗，甚至会因为不断的磨砺而疼痛难忍。“你这样做又是何必呢，这么辛苦，还是放弃吧！”好朋友纷纷相劝，但是沙粒还是跟着商人走了。

几年以后，沙粒变成了最美丽的珍珠。一位收藏家看中了它，从养蚌人那里把它买走后，一直带着它周游世界，在各地展览。珍珠在被人们认可和欣赏的同时，也实现了自己的价值。

唾手可得的不是馅饼，只有陷阱；易如反掌获得的不是成功，只有幻象。古往今来，没有人能轻而易举地大功告成；举凡成事者，无不经历了诸多磨难历练。面对困境，女孩与其怨天尤人，不如将哭泣的力气用来迎接挑战，将怨憎的情绪化为战胜困难的勇气。终有一日，女孩会发现，种种磨炼，是生活给予女孩最大的财富，它让女孩成长，让女孩涅槃。

良好性格修炼术

“女人啊，你的名字是弱者！”莎士比亚的一句话，令更多人笃信女性多是软弱的、驯顺的。然而，这种带有偏见的习惯性思维，在当今时代，显然已经过时。如今，柔而不弱、坚而不硬的女性，才更加适应这个时代、这个社会。女孩们，快快让自己坚强起来吧！

1. 永远不要以弱者的身份自居

遇到困难，千万不要先想着自己是女孩，所以有逃避的权利。不管什么时候，都要相信自己有能力从困难中突围出去，要相信自己可以经历磨炼，变得更成熟。

2. 遇事不要急着掉眼泪

很多女孩遇到事情首先想到的不是怎么解决问题，而是先流泪，企图用眼泪解决问题。但是眼泪是解决不了问题的，只有我们自己坚强起来，勇敢面对生活中的磨炼，才能彻底跨过这些坎，走向成熟。

3. 坚信困难总会过去

很多时候我们之所以惧怕困境、逃避挫折，并不是因为我们软弱无能，不能接受任何不顺遂的事。我们真正惧怕的，是不知道这些困难将给我们的生活带来多么长久、多么深远的影响，我们惧怕自己将在长时期内无法摆脱困境，无力改变现状。因此，女孩一定要记住，无论多大的风雨，总有停歇的时候；无论多大的困难，总有解决的办法。鼓足勇气、耐下心来，熬过寒冬，春阳自会融化冰雪。只要心中保持信念，一切困难便不足为惧。

知识点链接

曾有心理学家通过调查研究，作出过如此结论：面对挫折、困境等，女性或许会在短时间内表现出较男性更为强烈的情绪波动，如六神无主、手足无措甚至歇斯底里；但从长远来讲，女性战胜困难的耐心与毅力，大多强于男性。这或许因为“以柔克刚”的法则，或许源自女性深藏不露的伟大力量，无论如何，狂风骤雨或许能折断凤凰双翼，但风总会停雨总会歇，生命之火总会重新燃起。熬过磨炼，女孩便能浴火重生。

不要用可怜博得别人的同情

你的身边是否围绕着一不顺心就喜欢找人倾诉的人？或者，你自己是否也会一不开心就四处哭诉？这种习惯，存在于不少人身上；而这种渴望获得他人安慰和同情的心理，也隐藏于不少人心间。

心酸难过之时，与三两知己倾诉一二，本是人之常情，也是宣泄不良情绪、重振精神的一大法宝。然而，若一遇不顺，便逢人就讲，习惯性地将自己扮演成世间最不幸、最无助的人，总要所闻之人苦口婆心地反复表达自己的理解、安慰和同情才能聊慰其心，这样的幼稚之举，绝非一个成熟的女性该有的作为。须知，无尽的泪水与哀诉，或许能赢得旁人一时的同情与关顾；但长此以往，毫无改进的现状和毫无作为的你，只会让他人心生厌烦，避之唯恐不及。

春桃和冬梅是一对闺蜜，两人从小就是好朋友，一直到两人结婚了，这份感情也一直没变过。春桃结婚后，生活过得不如意，每次和冬梅聊天，只要一提到自己的不如意，春桃就唉声叹气，滔滔不绝地说上半天，是要多可怜就有多可怜！一开始冬梅也是耐着性子安慰她，但是春桃说的次数多了，冬梅也就没有一开始那么热情了。春桃看冬梅不像之前那样关心自己，便转向另一个好友倾诉，并把冬梅冷漠待她的事也一并说了。没想到朋友听完，并没有和她同仇敌忾，反而说了下面这番话：

“冬梅是我们共同的好友，她当然是关心你的，但是这并不能成为纵容你的理由。谁的生活又是一帆风顺的呢？冬梅最近也在和她老公打离婚官司，但是你听她哭诉过一句吗？为什么？因为她知道哭并没有用，获得别人的同情也只能帮到自己一时，所有的事情还是得靠自己去打理，只有自己坚强、振作，才能要回孩子和自己应得的。”

在这个纷纷扰扰的社会，每个人都在为自己的衣食住行奔波，为家庭的柴米油盐辛劳，家家有本难念的经，人人都有难言的苦。聪明的人懂得别人的同情能帮助自己一时，却不能保护自己一世；坚强的人明白人生的希望只能靠自己争取，与其幻想着用泪水换来他人的助力，不如擦干泪眼面对现实，尽自己最大的努力去解决问题、战胜挑战。女孩们，收起你的抱怨，止住你的泪水吧，幸福的生活和成功的事业，绝不会来自他人的同情。

良好性格修炼术

挫折和打击往往会令人变得脆弱，令人不由自主地想去寻求他人的庇护和支持。向人倾诉，便是希望得到他人的安慰和同情，以此感受他人的理解和肯定。这原本无可厚非，亦是快速走出负面情绪的有效之法。然而，作为现代社会的女性，女孩在适当倾诉的同时更要记住，他人给的同情换不来鲜花和掌声，只有坚强独立的人，才能赢得成功和尊重。

1. 不要让所有人都看到你的眼泪

都说女人的眼泪是珍珠，但那也只是对于能够读懂的人来说。不分场合、不分对象地跟别人诉说你的可怜，是得不到别人的同情的，反而会遭人看低，让你的眼泪变得很廉价。只有让自己坚强起来，收起眼泪，才能赢得尊重。女孩要时刻记住：物以稀为贵，眼泪也是。

2. 不要反复诉说你的悲伤

即便你只对少数的几人倾诉你的烦恼，即便对方与你是坚不可摧的“闺蜜”“铁磁”，你也不要反反复复、不厌其烦地用一件事或同样的问题去“折磨”他们，这无疑是在挑战对方的耐性和涵养。没有人愿意经年累月地面对同样的哭诉而丝毫看不到解决问题的希望。在聆听时，大部分人，尤其是你的好友，通常会给出客观的建议和中肯的意见，他们在陪同你宣泄完不良情绪后，希望能够帮助你走出困局。而你那反复的诉说，只会让他们觉得自己的关怀并没有起到作用，无论是聆听还是建议，他们付出的时间和心血都是徒劳的。这种徒劳之感，会加深他们的厌倦，令他们不自主地想要逃避重复那些话题的你。

3. 独立解决问题

很多女生遇到问题首先想到的不是解决问题，而是大哭一场。大哭一场从本质上来说，其实就是一种逃避，是一种懦弱的表现。男人喜欢柔弱的女人，但绝不是一无是处的女人，偶尔示弱可能会得到怜爱，但是时间长了、次数多了也就不管用了。只有独立、坚强的女人才是最有魅力的。

知识点链接

遇事不以泪眼示人，并不是要女孩事事坚忍，强作镇定。对于水做的女孩来说，遇到痛苦之时，适当的哭泣是有利于身心健康的。泪水不仅能带走我们身体中的毒素，也能宣泄出我们内心的不快。曾有专家表示，女性的平均寿命长于男性，其中一部分原因就要归功于泪水。相较于男性，女性更容易哭泣，也就等同于拥有了一件排除毒素、释放压力的利器。当然，泪水只对我们的身心有着一时之效，对于问题本身，并没有任何作用。哭过之后，女孩依旧要振作起来，重新踏上征程。

挫折对优秀女孩来说是一笔财富

对于任何人来说，人生都不会是一帆风顺、十全十美的。挫折和胜利，逆境和顺境，从来都如同一对双生兄弟，如影随形。面对挫折，坚强的人从中吸取教训、获取动力，越加奋发图强；脆弱的人因此灰心丧气、一蹶不振，从此陷入绝望的深渊。其实，压垮人们的最后一根稻草从来不是挫折的增多或加剧，而是我们自己不断深化的恐惧与不安，是我们自己不敢担当、不愿努力的懦弱与逃避。

在人生的海洋中，人人都是掌握自己航船的水手，我们可以是乘风破浪的弄潮儿，也可能是畏惧逃避的观望者乃至失败者，一切源自我们自己的选择与行为。一望无际的大海中，时而波澜不惊，时而风高浪险。平庸的水手幻想着瀚海终日水波不兴，而优秀的水手却懂得大浪淘沙的道理：只有经历惊涛骇浪的磨炼，才能掌握更强的驾驭能力，才能在千帆万船的竞相追逐中，率先到达理想中的彼岸。

有一粒种子，因为主人在河边玩耍的时候忽然刮起大风，从主人的袋子里漏了出来，就这样被主人遗忘在了河滩上。河滩上有许多漂亮的小石头，它们以为小种子也是石头，所以嘲笑它长得又小又丑，就算有人来，也不会想把它带回家的。就连河水也嘲笑它样子太怪异。小种子很难过，但是它什么也没反驳，只是默默地祈祷，下一场雨吧，这样自己就能埋到土里发芽了。

过了几天，果然下了一场大雨，小种子随着雨水的冲刷，被埋进了一个岩石缝里。小种子想到终于可以发芽了，很开心。可是开心没多久，它便失望了，原来小种子发现自己身上压着岩石，嫩芽很难往上生长。但是想到自己的使命，小种子没有放弃，它每天不停地忍受着剧烈的疼痛，终于有一天，小种子裂开，嫩芽冒出来了。小种子开心极了，不顾岩石的碾压，绕了个弯，从石头缝里伸出了嫩芽，晒到了太阳，小嫩芽一天一天长大，过了七七四十九天，终于长成了一朵漂亮的玫瑰花。

“老公，快看呀，岩石缝里居然长出了一朵玫瑰花，真美啊！”一位和老公来河滩上游玩的女子说。就这样，美丽的玫瑰花成了河滩上的景点，每天都有好多游客前来观赏，再也没人去关心河滩上的石头了。

命运波折的小种子，在石头与河水的嘲弄中，在岩石的压制下，没有放弃希望，没有停止奋斗。它坦然接受命运的不公，努力成长于艰苦的环境中，最终破土而出，成为美丽的玫瑰。生活中，打倒我们的不是挫折，而是不愿接受挫折的心态与逃避困难的软弱。遭遇失败时，放弃是最简单的事，也是最没有担当的选择。挫折并不可怕，它昭示了我们一时的失败，却也替我们排除了一条错误的道路，为我们带来了新的机遇。面对挫折，只要我们自己咬牙坚持，永不言弃，终有一天，我们能将挫折带来的痛苦化为宝贵的财富，从中获益。

良好性格修炼术

在每个人的成长过程中，挫折都是无法避免的。既然不能逃避，那么不如坦然接受，调整身心，以自己最好的状态迎接每一次的挑战。那么，女孩应该从哪些方面着手，让自己正视挫折呢？

1.遇到挫折千万不要逃避

行走在人生路上，就像我们必须不停迈出前进的步伐，挫折也是我们必须经历的一种磨炼。它就像生命旅途中的岔路口，面对它的挑战时，我们无法逃避，必须作出相应的选择。短暂的人生经不起我们踟蹰不前的荒废，激烈的竞争也容不得我们不进反退的败逃，我们必须大步向前，无论前行的路上怎样荆棘丛生。当你打定主意迈开脚步时，你会发现，看似险象环生的路，实则并没有想象中那么可怕。

2. 不能逃避长大

很多人因为不愿意面对长大后要面临的困难，所以心生不想长大的想法，这其实是十分消极的。当我们对长大采取回避态度的时候，除了会让自己的心智不成熟，令自己对挫折的承受能力越来越低之外，没有任何正面的意义。任何人都要长大，这是必然的，与其想着逃避责任，不如主动承担责任、自己掌控人生。

3. 把挫折当成一笔财富

人生而趋利避害，乐于享受。然而，古人云："生于忧患，死于安乐。"平淡享乐的生活，看似美妙动人，实则在一点一滴地腐蚀我们前进的动力，消亡我们居安思危的警惕性。今日尚能醉生梦死的我们，或许明日便身处重重危机中，而彼时的我们却已失去了拼搏的能力和勇气。挫折或许会令我们一时彷徨，磨难可能会让我们一时痛苦，但只有历经磨炼的人，最终才能有所成就，鹤立鸡群。

知识点链接

巴尔扎克曾说："磨难对于天才是一块垫脚石，对能干的人是一笔财富，对弱者是一个万丈深渊。"可见，挫折对于人们的影响，不取决于挫折的内容与程度，只关乎于个人的性格与态度。挫折带给我们痛苦，也带给我们机遇和成长。既然人生路上的荆棘我们避无可避，何不笑对挫折，并积极利用好这笔财富呢？

没有过不去的坎，只有过不去的人

俗话说，“天有不测风云，人有旦夕祸福”，生活中，无论是谁，都无法预知明天将要到来的事情，甚至难以预测下一秒将会发生的变化。这些变化有好有坏，这些未知有悲有喜，如何应对一堆堆令人措手不及的问题，如何迈过一道道令人望而生畏的坎儿，关键在于女孩自己的心态。

因为未来的不可预料，人生中会有许多无奈、许多遗憾；因为前途的变幻莫测，生命才充满了令人向往的魅力。有变化的风景才更值得欣赏，有波折的人生才更值得回味，女孩要牢牢记住，从来没有过不去的坎儿，只有在困难面前被吓破了胆的人。充满坎坷的人生旅途中，我们的态度决定我们能够领略的风光，我们前行的方向与最终的成就。

晓梅是一个舞蹈演员，从小就练习舞蹈的她一直是舞蹈团的台柱子。随着舞蹈团的名气不断扩大，商演也越来越多，晓梅每周都要来回飞好几个城市。这天，晓梅像往常一样和团里的其他成员一起下了飞机，坐车赶往商演的大厅。因为晓梅身份尊贵，主办方特地派了一辆专车来接晓梅。谁知道车子在行驶的路上出了意外，撞到了路边的栏杆，直接冲到了高速公路下面。晓梅被救护人员从车里面救出来的时候，双腿已经被压得严重变形，进医院的第一个手术便是截肢。

截肢对一个常人来说都是不小的打击，更何况晓梅是一个舞蹈演员，这几乎可以算是毁了她的一生。在大家都以为晓梅会就此消沉下去的时候，晓梅却像没事一样，积极地配合医生的治疗，忍痛参加复健。家人怕晓梅自己憋着难受，便找来医生开解她，没想到晓梅对医生说：“虽然我的两条腿都没有了，但是我的人生并没有结束。这只是上天对我的考验而已，我不会屈服的，我要接受挑战。”

出院后，晓梅进了一家残疾人办的舞蹈学院当老师；课余的时候，她还会参加市残联举办的公益活动，帮助有心理疾病的残疾人。晓梅的亲朋好友发现，车祸不仅没有成为晓梅生活中的一道坎，反而给了她寻找另一种生活的契机。

晓梅的选择，让我们看到了她那柔弱外表下所蕴藏的惊人的坚韧。一场惨烈的车祸，一个令亲友都无法接受的截肢手术，没有击垮她的求生意志，更没有毁灭她的艺术生命。面对命运给予的残酷考验，她没有畏缩、没有逃避，她挺身而出、勇往直前，积极迎接挑战，最终战胜困难，并开始了自己全新的生活。其实，不独晓梅，对于每一个人来说，眼前的坎儿都是可以跨过去的。只要心中充满信念、鼓足勇气，再难跨过的坎儿，也终将被我们逾越，被我们战胜。

良好性格修炼术

面对挫折与逆境，想要跨过面前的坎儿，再度启程，对于女孩来说，强大的心理承受能力是必不可少的。心理承受能力是指个体对于逆境引起的心理压力和负面情绪的承受与调节的能力，主要是对逆境的适应力、容忍力、耐力及战胜力的强弱。那么，女孩该如何有意识地锻炼自己的心理承受能力呢？

1. 遇到事情不逃避

逃避心理在生活中十分常见，例如，工作太辛苦，换一个；有件事不会做，有人会做，找他就好……其实这些都是逃避心理，都是对自己的一种纵容。要想做一个心理强大的女孩，就必须学会自己解决生活中的难题，培养自己的独立意识，只有这样，当有一天你独自面对问题的时候，才不会慌乱。

2. 进行心理训练

这里所说的心理训练指的是有目的、有针对性地训练自己的心理承受能力。心理和身体一样，都需要通过训练变得更强大。比如，做一些自己以前很害怕的冒险运动、看恐怖片、策划一次独立的旅行，这些都是快速提高自己心理承受能力的方法。

知识点链接

当我们面前只有一座独木桥时，我们可以从容地走过；当我们知道独木桥下是深潭且有鳄鱼时，相信大多数人已吓软了腿。很多时候，我们面对的情境并没有改变，我们眼前的困难并没有加深，只是我们自己的潜意识设想太多，让我们被自己的想象束缚了手脚，吓破了胆子。因此，在平时，我们要多给自己一些积极的心理暗示，主动强化自己的潜意识。

成功就是：爬起来比跌倒多一次

人的一生，总免不了跌跌撞撞、风风雨雨。即便是平淡无奇的庸碌人生，也会充满千种艰辛、历经百样苦楚，遑论那些光芒万丈的成功者的求索之路？面对他人的成功，有人说，他命比我好罢了；有人说，他本就比我有才；还有人说，那本该是我的功绩，被他抢先了而已……

人们总是习惯于对别人多一些苛求，给自己多一些借口。殊不知，那一个个原本近在咫尺的成功，就是在自己数不清的借口中渐渐远走的。世上多庸庸碌碌之辈，只有极少数的人能够站在金字塔尖，成为人中龙凤。然而，这并非是因为世上大部分人都才智不足或不想成功，比起那些成功人士，他们并不缺乏相应的能力和对成功的渴望，他们缺少的，是坚定的信念和永不言败的恒心。

爱迪生大家都不陌生，世界上最伟大的发明家非他莫属。但是，他的成功也不是一蹴而就的。发明电灯的时候，爱迪生先后用了一千多种材料、做了几千次实验，都以失败告终，但是他并没有放弃，而是继续寻找各种可以用的材料做实验，直到成功地发现经久耐用的灯丝。

著名影星“星爷”——周星驰，刚出道的时候，只是一个跑龙套的，在一部电影里面连句台词都没有。但是他并没有就此放弃自己的演艺梦想，而是不断地修炼自己的演技，参加各种影视剧的演出，后来终成一代喜剧之王。

我们在艳羡他人的成绩时，在欣赏成功者的笑脸时，应该时刻记住，绝不能忽视他们光环背后的辛劳与汗水。“不经历风雨，怎么见彩虹，没有人能随随便便成功”。正视困难，笑对风雨，坚持到底，是我们获得成功的不二法门。生活就像一场战争，放弃是我们最大的敌人。成功并不需要我们拥有多么惊世骇俗的才华，也不需要我们刻意去体验各种残酷的历练，它只需要我们再站起来一次，再尝试下去。

良好性格修炼术

很多女孩之所以跌倒之后就很难再爬起来，很大一部分原因就是她们的抗挫折能力不强。那么，女孩该如何提高自己的抗挫折能力呢？

1. 制订合理的目标，不好高骛远

年轻女孩正值青春年华，对自己的未来都抱有很高的期待。但是如果对困难估计不足，加上涉世未深，进入社会之后，一旦遇到不如意的事情，就很容易被现实社会打倒，产生挫折感。所以每个女孩都应该根据自己的实际情况制订具体可行的目标，一步一步循序渐进。切不可好高骛远，订一个自己无论如何都不能实现的目标，这样只会打击自己的信心，让自己受挫。

2. 坦然接受不可避免的事实

有位作家曾在自己的作品中说过：“逃避会让痛苦显得更加狰狞。”面对挫折，面对那些无法逃避却又难以接受的事，女孩不妨调整好自己的心态，正视它们、接受它们。当你试着包容一切时，你会发现一切并不似想象中那么可怕，这也是你提高抗挫折能力的关键一步。包容，是坦然地接受，而非自欺欺人地回避；是看清既定事实后作出积极的回应与适当的选择，而不是听之任之、随波逐流。

3. 学会心理调适

面对挫折，尤其是对自己造成的影响、伤害巨大的挫折，大部分人在第一时间内会产生暴躁、焦虑、痛苦等消极情绪。这种时候，战胜挫折的第一步，不是立即冥思苦想如何力挽狂澜，而是令自己的心态平和下来。冲动中的主意和决定，并不能给你带来什么帮助。因此，女孩应学会心理调适，找到适合自己的情绪宣泄法，如与朋友倾谈、唱歌、运动等。学会最大限度地降低挫折带来的心理压力，让自己处于冷静、愉悦的情绪中，对于即将迎战挫折的女孩来说尤为重要。

知识点链接

行百里者半九十，很多时候，人们半途而废，并不是输给困难，而是输给了自己的心态。很多人在追求成功的道路上，不可谓不努力，不可谓不拼搏，然而，他们在数度的夙兴夜寐、呕心沥血后，往往因为周而复始的失败冷却了热血、伤透了信心。他们缺的，不是能力，也不是努力，而是毅力。

打败不幸，找到开启成功大门的金钥匙

我们深知多舛的人生总是伴随着艰辛与苦难，却更加向往着幸福与安乐。我们深知必须依靠自己的力量战胜困难、挺过挫折，然而很多时候，我们依旧会幻想上苍或他人及时伸出援手。趋乐避苦，人性本就如此。

我们潜藏的力量，可以是无比伟大的；我们的内心，可能会偶尔脆弱。而生命中无法避免的种种灾难、种种磨砺，不过是欺软怕硬的势利小人，当我们武装起脆弱的心灵，以我们无穷的力量应战时，原本来势汹汹的挫折与打击，只会跪地求饶，乃至见风使舵，为我们所用。

1915 年，在诺贝尔生理学或医学奖的颁奖台上，评委将这一荣誉授予了一位来自奥地利的传奇人物，他就是罗伯特·巴雷尼。

在巴雷尼还很小的时候，他得了一场重病，致使他成为残疾人，行动十分不便。看着病弱的孩子，坚强的妈妈强行忍住心痛的泪水，鼓励他说："孩子，妈妈知道，你一直都很坚强。妈妈也相信，你将来一定能用自己的双腿，走出一段成就非凡的人生。孩子，你说我说得对吗？"

妈妈的一番话，说得巴雷尼感动莫名，年幼的他，不禁扑进妈妈的怀里哭了起来。

从那以后，妈妈不仅为巴雷尼制订了锻炼计划，而且每天坚持陪着巴雷尼做体操、练走路。有一天，妈妈感冒发烧，身体十分虚弱。然而，为了不中断孩子的锻炼计划，也为了以身作则，她强忍病痛，如往常一般帮助巴雷尼做完了那天的锻炼计划。妈妈的榜样作用，也在小巴雷尼心中刻下了深深的痕迹。

通过坚持不懈的锻炼，巴雷尼的身体状况开始好转。同时，在妈妈的陪伴、帮助和教育下，巴雷尼的精神状态也越来越良好。他从一个有些自卑、彷徨的病童，成长为一个自信、永不言败的男子汉。后来，通过努力的学习，巴雷尼以优异的成绩被维也纳大学医学院录取，致力于儿科神经学的研究。最终，他凭借在前庭器官的生理学与病理学研究上的工作，获得 1914 年的诺贝尔生理学或医学奖。

巴雷尼的人生经历，可以成为许多人自我激励的模板。当你抱怨自己的体格不如别人，难以应对繁重的课业或工作时，你可曾想过，巴雷尼是从怎样的境遇中站起来的？当你抱怨人生多磨难、成功路难行时，你可曾知道，那些走向成功的人，正经历着远胜于你十倍百倍的痛苦却依旧默默前行？不幸，是我们走向成功与幸福的绊脚石，却也可以在我们的坚韧下化为垫脚石。只要我们心中秉持信念，勇往直前地走下去，那些曾经让我们痛苦的经历，终会成为我们炼制金钥匙的素材，为我们开启成功大门奉献力量。

良好性格修炼术

人生一世，漫漫长路，终我们一生，不幸与磨难始终如影随形，不可逃避。面对这些苦难，意志坚强的人，能够化不幸为力量，更加奋发图强；心灵脆弱的人，视磨难为豺狼虎豹，一遇到挫折便裹足不前，甚至狼狈而逃。由此可见，良好的心态与抗击打能力，是打败不幸、获得成功的重要砝码。那么，女孩应该如何做，才能有效地提高自己的抗击打能力呢？

1. 正确理解挫折

今天，大部分80、90后的年轻人，多为独生子女，从小便被父母长辈事无巨细地呵护，亲友们唯恐他们受到伤害。当这一批年轻人初尝挫折时，一时间难免无法适应。对此，年轻的女孩亲友们应该意识到，生活中有甜就有苦，有顺境就有逆境，谁也无法拒绝长大，我们终会迎来独自面对人生的那一天。我们从小少有挫折，那么便从今天起，在与挫折越来越频繁的接触中观察它、了解它、挑战它。任何一件事物，当我们熟知了它的起因、背景，掌握了它的特点、应对技巧后，对我们来说，它还有什么可怕的呢？

2. 客观地评价自我

挫折给人带来的痛苦，往往源自理想与现实的落差。人们对于一件事物抱有的希望越大，愿望落空后承受的痛苦就越深。对此，女孩应该意识到，每个人都有自己的长处与短处，能力与偏好也各有不同。客观评价自己，树立合理的目标与发展方向，能够有效避免许多不必要的挫折。

3. 培养承受挫折的勇气

人这一生中，不遇挫折是不可能的。面对挫折，我们不能一味地选择逃避，这是最懦弱也是最不负责任的做法。遇到挫折，我们应该拿出勇气，积极面对。

当然这些勇气并不是与生俱来的，我们可以通过挫折训练、参加冒险活动等提高自己的勇气。

知识点链接

不幸可以销蚀人的意志，也可以磨炼人的精神。面对挫折，当你停滞不前时，生活还在继续，别人的脚步依旧在大步前行。积极走出挫折的阴影，提防一味逃避而养成懦弱的习性，是每个女孩在人生路上必须迈过的坎。

第03章
培养坚定自信的性格：别让自卑掩盖了你出色的潜能

长久以来，相对于男孩，人们更习惯于将女孩“捧在掌心”，面面俱到地呵护、关爱。在家里，她们只要做爸妈的乖乖女；在学校，她们一心做听话的学生，仿佛只要这样，就扮演好了自己在这个世界上所有的角色。然而，随着时代的进步，女性在社会建设中扮演的角色越来越多，承担的责任越来越重，以往观念下培育出的温室花蕾，已很难撑起那风雨密布的半边天。因此，女孩想要在社会的发展中承担起自己的责任，想要在精彩的人生路上实现自己的价值，必须自信为人、大方处事。遇事唯唯诺诺、心态惯常自卑的女孩，遑论奉献社会，只怕连自己的人生都无法把握。女孩要牢记，你就是你，是这个世上独一无二的你。你有你的优点，谁也无法企及；你也存在不足，必须积极改进。自信，是你客观认识自己的前提，也是你拥有美好人生的重要砝码。

自信的女孩最美

著名小说家古龙曾经说过："只有骄傲和自信，才是女人最好的装饰品。一个没有自信，没有希望的女人，就算她长得不难看，也绝不会有那令人心动的吸引力。"是的，只有自信的女孩，才敢放飞梦想，才能保持着昂扬的斗志和奋发的精神，去迎接人生的挑战，去描绘美好的蓝图；而那些缺乏自信的女孩，总是无精打采、畏首畏尾，唯唯诺诺的性格，让她们总是被人忽视，甚至轻视。

乐乐是一家网站的模特，主要负责做服装店的模特。工作不算轻松，但是收入可观，所以乐乐很珍惜这份工作。网拍模特的行业竞争压力很大，每天都有很多的新模特加入，这无疑对于乐乐这样的"老模特"造成了威胁。

一次，乐乐将自己新拍的照片放在社交网站上分享，原本以为会得到粉丝赞美的乐乐没想到，照片刚放上去，就收到了这样的评论：

"眼角都有鱼尾纹了，还是青春无敌的新晋模特 ×× 好看！"

"长得这么丑，还好意思晒照片！"

"无语中，25 岁的'大姐'居然还在这装嫩！"

"别看这个老女人啦，我给大家推荐一个新人，长得超美，××，拿走不谢！"

……

乐乐一连翻了好几页的评论，除了做广告的，全都是唱衰自己的。乐乐伤心地关了电脑，痛哭起来，但是过了一会儿，她又鬼使神差地点开了大家都说的新模特的微博。乐乐越看越觉得大家说得对，这个女生确实好看，自己确实是太丑了，乐乐越看越没有自信，竟想到了整容。

第二天，乐乐一早去摄影棚，看到大家都看着自己，她又开始不安了，以为是自己早上妆化得不够精致，紧张得赶紧去卫生间补妆，结果补妆回来却看到摄影棚已经在拍摄了。这时一个负责人走过来对乐乐说："不好意思，商家需要形象更年轻靓丽的模特，我们只好换人了，你放心，下次有合适你的，一定找你。"然后便匆匆离开了。

这次换人彻底摧毁了乐乐的自信心，她出了摄影棚，便直接去了一家专门整容的机构，让医生帮自己制订了全套的整容手术，拜托医生一定要让自己变美。但是，手术过了一个月了，乐乐脸上的水肿仍旧没有消失，而且鼻子也歪了，乐乐看着镜子里面自己像"猪头"一样恐怖的脸，彻底崩溃了。

相由心生，只有从内心散发自信的女孩才是最美丽的。用整容强行武装自己，不只不健康，其实也是一种很自卑的表现。也许你会替乐乐可惜，但事实上，生活中有很多人都和乐乐一样，因为一次的失败就对自己失去信心，从此变得自卑。这其实是十分可悲也十分愚蠢的做法。一生中那么多的磕磕绊绊，如果任意一个人的一句话就能让我们失了主张、丢了自信，那我们还如何活出自己呢?

人最重要的就是不能轻易否定自己、怀疑自己，要相信自己。要想让自己成为一个充满魅力的女孩，就必须让自己成为一个自信的人。当你的自信在嘴角划出一个优雅的弧度时，无论身处何地，你都是那颗最闪耀动人的明星。

良好性格修炼术

自信是一个女孩最好的装饰品，拥有了自信，你的人生就有了无限可能，那么我们该如何建立自信呢？

1. 找到自己的优点和长处

没有人是十全十美的，但是每个人都有自己的优点和长处。女孩要把这些优点和长处找出来，不断进行自我暗示，并鼓励自己多尝试，让自己的这些长处发挥出来，为自己树立信心，逐步建立起自信。

2. 放开胆子，勇敢挑战你害怕的事情

不够自信的人往往都非常自卑，会惧怕很多东西。如果你能积极地挑战你以前害怕的事情，那么你不仅能找到你惧怕它的原因，还能在接受挑战的过程中逐步建立信心。

3. 放宽心态，豁达处事

很多时候，人会觉得自卑，往往是因为自己给自己施加了过多的压力，或是自己小心眼，太看重一些不必要的小事而导致的。只有学会用一颗豁达的心处理事情，才能用正确的心态看待问题。心变得宽了，就不会小心眼，也不会感到自卑了。

知识点链接

自信的女孩之所以充满魅力，受到大家的欢迎，主要是因为她们拥有以下特点。

（1）充满朝气。自信的女孩总是生机盎然，不仅时常挂着暖意融融的微笑，而且言行之间洋溢着青春的活力。这种朝气蓬勃的状态，不仅令她自己受益，也让她周围的人如沐春风。

（2）勇敢且果断。自信的女孩，通常充满勇气，且行事果断。因为自信，她们往往对自己的能力有着清醒的认识，因此在面对困难时，能够勇敢地迎难而上，并且果敢地作出抉择。

（3）乐观向上。自信让女孩对未来充满向往，对人生充满期待，让她们乐观地看待人生中的每一次风雨，积极地面对生活中的每一次挑战。乐观的心态，是她们赢得成功、俘获人心的法宝。

发展潜能的最大力量是自信

威尔逊曾经说过："要有自信，然后全力以赴！假如具有这种观念，任何事情十之八九都能成功。"正值青春年华的女孩们，需牢牢谨记：只要你相信自己，世上没有什么不可能，任何事只要去做，目标都能实现。比如，你的目标是取得好成绩，那么你就选择正确的学习方法，并付诸行动，这样，你一定会大有进步。只要播下梦想的种子，秉持自己能做成的信念，灿烂的未来就一定属于你。

曾经有教育专家，在某学校挑选了两个整体成绩悬殊较大的班级，做了一组对比试验。实验中，学校的老师将优秀班级的学生当作问题学生来对待，而将大部分都是问题学生的班级当作优秀班级来教育。

经过一段时间后，学校对两个班级的学生进行了测试。结果令人大吃一惊：原本成绩天差地别的两个班，在这次测试中，成绩几乎持平。原来，在实验最初，校方并没有将实情告之两个班的执教老师。负责问题班级的老师以为自己教的是一群优等生，因此充满自信，并不断给予学生鼓励，极大地激发了问题学生的积极性。而负责优秀班级的老师则以为自己被分到了问题班级，不仅对自身能力产生怀疑，更不相信学生的状况能够凭他一己之力扭转。老师这种不信任的态度，使得原本成绩优良、热爱学习的优等生们大受打击，逐渐丧失了对学习的兴趣，因此成绩急转直下。

美国知名学者奥图博士曾说："人脑好像一个沉睡的巨人，我们平均只用了不到1%的脑力。”不独大脑，我们的身体，也同样蕴藏着未知的力量。例如，在遭遇致命险情时，人们往往能爆发出超出平日数倍的力量。女孩应该记住，我们永远比自己想象得更强大。人的潜能是无限的，而自信，就是最好的催化剂，能够激发人体的各项潜能。

良好性格修炼术

人生的高度，在于自信的深度。人与人的不同在于，失败者更多的时候欠缺的是充足的自信心。那么，提高自信应该从哪些方面着手呢？

1. 多看看自己的优点和长处

我们常说“谦虚是人类进步的阶梯”，但在谦虚的同时，我们也应当看到并肯定自身的优点和长处。否则，一味苦恼自己的缺点和不足，便有妄自菲薄之忧。在自己书桌前、床头上，贴上一些写着自己优点的小纸条，让它们不时提醒我们自己值得自豪的地方，自己曾经取得的成绩。这样有助于我们提升自信，让我们在今后做事时更有信心，更有耐心。

2. 多交自信的益友

俗话说：“近朱者赤，近墨者黑。”朋友间耳濡目染的作用，女孩万不可小觑。如果我们的身边充斥着整日唉声叹气、自卑消极的人，那么久而久之，我们自己也会被感染得垂头丧气。只有跟那些朝气蓬勃、遇事积极乐观的自信之人交往，我们才更容易在他们的带领下树立、坚固自信。

3. 不要忽视心理暗示的作用

也许有人认为所谓的心理暗示不过是一种自欺欺人，实在没什么必要。然而，大量心理实验研究表明，心理暗示对于人们的心态起着极其重要的作用。很多时候，自己默然地念一句“完蛋了”，也许事情就真的无法再挽回。而当我们坚定地告诉自己“我可以的”“没问题”时，也许事情会得到解决。自信的提升，有助于我们更好、更快、更积极地解决问题。

4.外在形象也有助于自信的树立

人的心理表现在外在行为上，而外在行为，也会反过来影响人的心理。若我们整日都是不修边幅、邋里邋遢的形象，那么，无论多么强大的内心，恐怕也会被日渐销蚀。整洁的外表，得体的言行，大方的气度，潇洒的风采，不仅向他人展示着你的自信，更能反作用于你的内心，为你的自信添砖加瓦。

知识点链接

歌德说："人类最大的灾难就是瞧不起自己。"只有看得起自己，我们才能真正知道自己的极限在哪里；只有看得起自己，我们才能鼓励着自己去远方欣赏更美的风景。自信给我们前行的动力，更挖掘我们远行的潜力。女孩从成长到成熟的过程中，只有保持自信，遇事多激励自己、鼓舞自己，才能不畏挑战，在困难中迸发出更多的潜能。

删除性格中的自卑元素

生活中，男孩往往更加外向，很多男孩从小便表现出十足的自信，在竞争中力争上游，因此男孩更容易发挥自己的优点和长处；相对而言，不少女孩由于家长的无微不至的关爱和"淑女式"教育，呈现出较强的依赖性，很多时候显得脆弱而敏感，自信不足，因而在人群中被埋没。

其实，女孩相较于男孩，有着其自身的独特优势。例如，通常情况下，女孩的听说读写和语言推理能力比男孩发育得早，因此在小学阶段，很多女生的成绩往往优于男生。此外，因为女性特有的语言天赋，使得许多女孩拥有出众的口才，并且在文科类的学习中占有先天的优势。因此，女孩不必因为一时的失利而闷闷不乐，不可因为某个领域的技不如人而耿耿于怀，只要看清自己的优势所在，摒弃自卑，每个女孩都是优雅的胜者。

小雅的自信，总是能让她充满斗志，也让她周围的人深受感染。即便遭到旁人看来无法战胜的挫折，她也总是笑着应对，从来不说“我没办法了”。对此，时而有朋友问她：“你为什么这么自信？难道你就没有偶尔自卑的时候？”

“自卑的心态，恐怕人人都有过，其实我小时候，也不是个自信的女孩。”小雅笑着说，“我从小就又瘦又高，长得也不好看，同学们都叫我‘竹竿’，那会儿我自卑极了。可是父母总是对我说，我的身材是我的优势，长大可以做模特，走艺术路线。从此我就对自己的身体很满意，长相的问题也不怎么在意了。因为自卑，我小时候也特别害羞，一和别人说话就脸红。父母说，含羞带怯是女孩最美的姿态，我不必因此而困扰。听了父母的话，我反而胆大起来，不再为脸红而困扰。父母为了丰富我的课余生活，给我报了美术兴趣班，可是我实在没什么天分，一个班里，数我年纪最大，画得最差。父母毫不在意，告诉我画画不行还可以学唱歌，我的声音很好听。后来，我说以后想做记者，本来以为父母会嗤之以鼻，没想到父母热情地问我说，准备进哪家主流媒体。他们还积极地为我出谋划策，为我制订走上记者之路的计划。即便后来我没有办法进入他们期待的主流媒体，他们还是对我经过努力后获得的工作很满意，一直鼓励着我。因为父母的教育方式，我从小就像一直沐浴在阳光下，自卑的阴影，早已被我甩在身后。”

一个原本自卑、害羞的女孩，在父母阳光般的鼓励下，变得自信乐观，走上了属于自己的美好人生路。小雅父母的教育方式，值得我们每一个人借鉴。这种赏识教育，我们同样可以用在对自己的心理暗示与激励中。

所有处于青春期的女孩，都应摒弃自卑，不断汲取自信的力量。要明白，人活一口气，靠的就是自信。唯有自信才能让你看清人生的航向，找准前进的目标，找到真实的自己；反之，缺乏自信的人，整日昏昏沉沉，最终只会迷失自我，乃至被世界遗忘。

良好性格修炼术

正如俗语所说，尺有所长，寸有所短，人人身上都有闪光点。如果沉溺于自卑中，就会导致我们只知盯着别人耀眼的光华，却忽视了自己闪亮的风采。年轻的女孩们，及时删除你性格中的自卑元素吧，你会发现，你可以变得更美丽，你能够获得更好的人生。

1. 客观、理智地认识、评价自己

正所谓“金无足赤，人无完人”，世上没有十全十美的人，更没有一无是处的人。人们之所以产生自卑，往往是由于眼中只有别人的优点和自己的缺点，不能正确地看待别人，更没有客观地评价自己。想要克服自卑心理，女孩首先要从发掘自身优点、肯定自身成绩做起。

2. 自卑也并不是一无是处

凡事有一弊必有一利，自卑心理也是如此。诚然，自卑往往令人心生倦怠，轻易放弃，是阻碍我们迈向事业成功和人生幸福的一大障碍；然而，不可忽视的是，在自卑感的影响下，人们往往谦逊有礼，更懂得体谅他人，与世无争，且保持着三思而行、恭谨慎重的行事作风。与这样的人相处，人们更能感到惬意、舒心。同时，古人云“知耻而后勇”，在自卑中，我们看到了自身的不足，压力会让我们勇于改进、勇于挑战自我。当然，这并不是说女孩可以任由自己自卑下去，在自卑心的影响下失去希望。女孩要谨记的是，自卑并不可怕，它有着自己的用处；自卑也不可久留，利用完它带给我们的利益后，我们就该及时摒弃，以自信的心态迎接崭新的明天。

3. 积极的自我暗示和激励，能够助我们驱退自卑

自卑的人，往往在行动前就心生犹疑，总想着“万一失败了怎么办”“我恐怕做不成这件事”，由此束缚住前进的脚步。对此，信心不足的女孩不妨多

给自己一些积极的自我暗示与激励，常对自己说“我能行”，“我一定会成功”，“我倒要试试看，我不信我做不好”。临事不打退堂鼓，鼓励自己大胆尝试，如此，在日积月累中，女孩的自信便渐渐树立、深化了。

知识点链接

自卑心理往往来自以下几个方面。

1. 过高估计别人，过低估计自己

身为社会人，我们对于自己的评价，往往来自与他人的对比中。古语云“以人为鉴，可以明得失”，世人皆深以为然。然而，若以人为鉴时只知仰望他人而俯视自己，则未免失其本意。通过别人看到自己的短处，本是好事；但若一味用自己的不足与他人的优势比较，只会滋长自卑心理。

2. 总是给自己消极的自我暗示

消极的自我暗示会令人们的做事效率大打折扣；而难以令人满意的结果，又会反作用于做事者的心理，令其自卑心态更加严重，从此沦入恶性循环。

3. 受到一系列挫折、打击的影响

生理缺陷、出身背景、社会地位、工作情况等问题，都有可能给人们带来挫折。面对挫折，有些人敏感而脆弱，且无法成功排遣沉重的挫败感，久而久之，便形成了自卑心理。

认清了自卑心理的形成原因，女孩在日后的工作生活中，要学会对症下药，及时调节心理，摒弃自卑。

盲目攀比，信心就会“出轨”

攀比心理是女孩比较常见的一种心理，具体表现为比相貌、比身材、比包包、比首饰、比衣服，比一切能比的东西。其实这些女孩之所以喜欢攀比，一个很重要的原因就是她们不够自信，所以她们需要在和别人的比较中找回自信，她们必须在这种比较中占据上风，才能找回自己的价值。一旦她们在攀比中落了下风，就容易妒意横生、怒气难消，严重的甚至可能性格扭曲、心生报复之意。

从心理学来看，攀比其实是自卑者的一种无意识补偿机制。那些喜欢攀比的女孩，在把别人比下去的时候，可以短暂地提高自己的信心，让自己自卑的感受暂时得以缓解。但是这种补偿机制并不是真的有效，它只能暂时缓解人的自卑感，一旦出现了比自己更好的人，他们还是会自卑，然后接着攀比，因此陷入恶性循环。

兰瑾是一位刚进大学的新生，因为是家里的独生女，兰瑾从小就是被父母和爷爷奶奶、外公外婆捧在手心长大的。因为怕她一个人在外吃苦，家里每个月给兰瑾生活费 1000 元，按道理，在二线城市，这对一个学生来说应该是绰绰有余的，可兰瑾却是月月不够，每个月都得另外要钱。次数多了，妈妈觉得不对劲，便问兰瑾要这么多钱干什么。兰瑾一开始不说，妈妈只好以切断资金为手段，让她说了实话。

原来，上了大学后，兰瑾发现同学都跟以前不一样了，女生都变得爱打扮起来。兰瑾本来底子就好，自然也不甘落人后。一开始兰瑾也只是爱多买几件新衣服，后来发现大家穿的都是名牌，化妆品也都是国外的牌子。兰瑾想着自己也是家里的小公主，凭什么比别人差，于是也爱上了逛商场、买名牌。尤其是每次穿着一身名牌被大家追着问时，兰瑾就觉得十分满足，买衣服的次数也越来越多。一个月 1000 元，吃饭加偶尔买次衣服是够的，但是隔三差五地买显然就不够了。兰瑾的妈妈知道原因后十分生气，勒令兰瑾改掉攀比的作风，兰瑾觉得妈妈大题小做，说现在的年轻人都是这样的；而且只要妈妈一提切断资金，就大闹一场。

在攀比心理的操控下，兰瑾也加入了轰轰烈烈的“比美、比贵”大军，不仅令自己陷入难以自拔的心理怪圈，也给家庭带来了沉重的负担。如果这种攀比心理继续滋长，不仅会令她的心理压力越来越大、越来越难以满足，甚至有可能引发她产生极端自负和极端自卑的双重人格。对此，年轻的女孩们不可不防。

良好性格修炼术

每个人在这个世界上都是独一无二的个体，实在没什么可比性。有的女孩之所以执着于和人攀比，不过是因为不够自信罢了。但是换个角度想，哪有永远的赢家呢？你与别人攀比，就算暂时占了上风，也很快会有比你更厉害的人把你比下去，只要你的攀比心理不停止，只要你一直不够自信，这种盲目的比较就会一直恶性循环下去。只有我们自己真的有心摆脱这种恶性攀比，我们才能真正摆脱自卑，真正自信起来。那么我们该如何让自己摆脱这种恶性攀比呢？

1. 学会自我控制

每个人都有不同的需求，并且这种需求是永无止境的。一个需求被满足了，又会有新的需求产生，当这些需求无止境地膨胀时，便会变成虚荣心，诱惑我们做出错事。所以我们要学会自我控制。当我们想要某物时，应该先问自己，到底是不是真的需要；如果只是为了满足我们的虚荣心，我们就应该控制自己的需求，切忌让虚荣心膨胀。

2. 不要太看重别人的议论

女孩参与攀比也有被动而为的情况，那就是当自己的言行举止或穿衣打扮遭人非议，或者因为爱面子被别人激怒时，都会忍不住与人攀比。可既然我们是社会的一员，就免不了会被人议论、被人点评。如果只是因为别人的几句议论就冲上去对质、理论，实在不是淑女该做的事；为了他人的指指点点而迷失自我、盲目攀比，也不是智慧女孩会做的事。与其被这些所累，还不如走自己的路，把自己分内的事做好。

3. 把恶性攀比转化为正面的攀比

当我们觉得别人比我们好时，不要急着证明自己，急着与人比个高低，我们可以把这种负面情绪转化为让自己不断进步的能量，用它不断地鞭策自己，不放松对自己的要求，提高对自己的期待，让自己过得更好。

知识点链接

攀比心越重，幸福感就越少。我们生来就不是为了压倒别人而活着的，与其把自己的时间精力浪费在这些只会让自己心理扭曲、情绪低落的事上，还不如多努力、多奋斗，让自己变得更有信心。

不要被嫉妒蒙蔽了双眼

世间凡人，皆有七情六欲，偶有嫉妒之心，也是寻常之事。若说女性的嫉妒心往往强于男性，相信很多人不会反对。尤其对于一些涉世未深、心理脆弱的女孩来说，嫉妒心的浮现，也许比一日三餐还要频繁。在她们看来，旁人——尤其是与她们情况相近的人——比自己更成功、更幸福，实在是很值得她们生气的事。

善妒之人，往往是不自信的，尽管他们外表看来不可一世、盛气凌人。他们苦苦地支撑着虚弱的自负，掩饰着难言的自卑，容不得他人强过自己。他们长期处于紧张的状态，怒视着强者，鄙视着弱者，更要提防着自己眼中的弱者在某一天超越自己。他们心中总是充满抱怨与愤恨，无法用平和的心态理智地看待他人和事物。

这是一个很平常的早上，17岁的小姑娘妮莎按照惯例早起，吃过妈妈准备的早餐之后便背着书包去学校了。但是直到上第二节课了，妮莎的班主任——玛格丽特小姐也没有等来妮莎。心急之下，玛格丽特小姐通知了妮莎的家长之后，便带着班上的几个孩子沿着妮莎上学的路寻找她的踪迹。

和妮莎同班的一个孩子在一个小巷子里发现了衣衫不整的妮莎，妮莎被抬出来时已经奄奄一息了。警察根据现场环境和妮莎身上的伤判定她是被强暴了，而且强暴她的不止一个人。大家都很气愤，妮莎是班上的开心果，很受同学的欢迎，大家想不通那些禽兽为什么要这么做。

立案没多久，三个小伙子便被警方抓获了，警方在录口供的时候得知，他们并不认识妮莎，他们是受人指使的，而指使他们的正是和妮莎同班的一个叫苏姗的姑娘。据苏姗交代，虽然她和妮莎是朋友，但是看到大家都围着妮莎转，只要和妮莎在一起，就不会有人注意到自己，苏姗十分嫉妒，所以想把妮莎的名声搞臭，这样大家就不会喜欢她了。

也许有人认为，小小的嫉妒心理，不过藏在心中激发自己的斗志而已，于人于己都是有益无害的。那么，面对妮莎的悲惨遭遇，面对苏珊那极度扭曲的嫉妒心引发的严重恶果，我们还能无动于衷地看待嫉妒心理吗？嫉妒心像一条长鞭，不断抽打着嫉妒者的心灵，更有可能伤及他人；嫉妒心会成长为一条毒蛇，残忍而疯狂地腐蚀嫉妒者的身心，并无情地吞噬他人的美好。嫉妒不是羡慕，不是敬佩，当我们因为他人的成功和幸福而心生痛苦和烦恼时，这种病态的心理，已经让我们踏入了歧途。

良好性格修炼术

生活中，人们常常会在不经意中掉入“嫉妒”布下的陷阱中，深受其折磨，却又无法自拔。嫉妒心伤人又害己，一个人要想健康成长，就必须克服嫉妒心理。那么，我们该怎么做呢？

1. 培养豁达的性格

很多嫉妒都是由于自己小心眼引起的，我们应该明白“山外有山、人外有人”的道理，强中自有强中手，我们应该正视自己和别人的差距，不斤斤计较，这样有利于我们开阔自己的心胸，克服嫉妒。

2. 不要太计较得失

得之我幸，失之我命。没有什么东西是我们想得到就应该得到的，所有的东西都应该靠自己的努力去争取。如果失败了，也不要怨天尤人，而应学会调整自己的心态，等机会来了，再继续努力即可。

3. 不要把自己当世界的中心

产生嫉妒心理的一个很重要的原因就是太看重自己，把自己居于世界的中心，不管做什么事，首先计较的就是自己的得失，只要稍有不满，便会引发嫉妒。所以一旦我们发现自己有这个苗头，就要自我约束，多用乐观的话开导自己，积极摆正自己的位置。

知识点链接

嫉妒心理归根结底还是因为嫉妒者本身不够自信，心理自卑，只有克服自卑，嫉妒之心才会真的消失。

女孩切记：自恋非自信

爱迪生说：“自信，是成功的第一秘诀。”自信，是一个人最大的优点，是女孩通往成功幸福之路的必备要素。然而，凡事有度，适可而止，女孩对于自己的信心，也应有相应的尺度。所谓过犹不及，若自信太过，乃至自恋，便会生出弊端。

自恋者，不必担心自卑情绪的困扰，不会有唯唯诺诺、遇事不前的胆怯；然而，他们往往失于自以为是，常常因为夜郎自大的心态，不懂得量力而行，因而在人生路上多吃苦头。

深山里，住着一位声名远播的武术大师，许多父母不远千里跋涉而来，只为请求大师收他们的孩子为徒。

这天，一对风尘仆仆的夫妇带着孩子来到山里。他们找到大师时，恰逢大师在察视弟子们挑来的水。令人不解的是，不仅没有一个弟子的水桶装满，而且各人桶中的水量也参差不齐，面对这种情况，大师不怒反乐，对每个弟子都笑着点头，夸道：“不错。”

夫妇忍不住问道：“大师，他们每个人都没有挑满整桶水，为何您还一个劲儿地夸他们？这样宽纵他们，日子久了，您还怎么管束他们呢？”

大师笑着答道：“挑水的目的，本不在贪多。若心存贪念，反而事与愿违。要知道，只有切切实实倒进缸里的水，才是真正属于自己的。”

见这对夫妇仍是一脸茫然，大师便叫来一个徒弟，吩咐他下山去打回满满两桶的水。结果，这个弟子力有不逮，在返途中，不仅深受其苦，还打翻水桶，滴水未剩。

在狼狈而回的弟子和夫妇面前，大师说道：“凡事皆应量力而为。我明知道他无力打回两满桶水，却强要他做到，最终只能误时误事，一无所获。”

大师一席话，犹如醍醐灌顶。夫妻俩立即要孩子跪下诚心磕头，拜大师为师。

从某个角度说，自恋之人往往更容易失败。因为自恋，他们自命不凡，自认是天之骄子，总觉天下舍我其谁；因为自恋，他们刚愎自用，不能客观认清自己的实际能力，不懂脚踏实地地争取自己配得上的成功，最终只能如同那个两桶空空的弟子，白忙一场。

良好性格修炼术

自信是女孩必备的品质，而自恋、自负则会阻碍女孩前进的脚步。那么，女孩该从哪些方面着手，摒弃极易滋生的自恋心态呢？

1. 虚心接受他人的批评指正

习惯于自以为是的自恋者，往往一意孤行，固执己见，不肯接受他人的批评。然而，学会虚心接受他人的指教，是更正自恋、改善自负的不二法门。只有真正听进了他人的劝谏，才能更加客观地看待自身存在的问题，明白自己并非完人，尚有一堆瑕疵需要改进。

2. 牢记自己不是上帝

自恋者往往将自己当作宇宙的中心，潜意识中觉得世间万物都是为了服务于自己而存在的，对待他人往往颐指气使、吆五喝六。要改善这种情况，自恋者首先要调整心态，明白自己只是社会中的普通一员，学会以平等的姿态与他人交往。这样不仅有利于改善自恋的毛病，更对你的人际关系大有裨益。

3. 拥有正确的自我认知

杜绝自恋，要从正确的自我认知开始。只有正确地认识自我，明白自己的不足之处，才能学会虚心，主动将自己从高高在上的“完美人群”中剔除。自恋者往往管中窥豹，只看到自己的优势，或是有失偏颇，认为自己的优势足以弥补所有的缺点，因此志得意满，目中无人。然而，当我们懂得将自己放到社会中与更多的人比较时，我们就会发现，我们所倚仗的长处，仍旧可能技不如人。

知识点链接

自信就像做菜用的调料，少了会缺少味道，多了又会难以入口，所以我们千万要把握好自信的度，不要越过它。

疑人不自信，信人不自疑

在我们的身边，我们或许会看到这样的人：看到别人聚在一起谈天说地，便觉得他们是在背后议论自己；别人一个不经心的动作或是随口一句玩笑话，也能让他们反复思量，总觉得其中颇有深意；亲友一时间疏忽他了，他就觉得自己在他们心中失去了分量，觉得亲友已经不再关爱自己……这类心思过重的人，也许每个人都见识过；而这种多疑的心态，或许每个人也都经历过。

女孩天生敏感细腻的心思，使得她们比男性更易猜忌，更易多疑；然而，这种深重的心思，往往会令她们自己苦恼不堪，无法轻松自在地与人交往，更令她们身边的人心生厌倦、莫可奈何。

刘萍和李刚结婚三年，两人本是一个单位的同事，因为年龄相仿，又是老乡，所以工作不久便熟识起来，交往一年之后领了证。两人过了一段甜蜜的二人世界之后，刘萍怀孕了，为了更好地照顾孩子，刘萍辞职在家做全职太太。

本来两人关系一直和和美美的，直到上周，李刚因为新的业务，连着三天在公司加班到凌晨才回家，两人的和谐终于被打破了。这天凌晨，李刚加完班回到家，见屋里灯还亮着，便问老婆怎么还不睡，结果没想到刘萍冷不丁地来了一句：“李刚，你天天这么晚回家，是不是在外面有人啦！”李刚以为刘萍开玩笑，便笑着回了一句：“怎么可能呢？我累都累死了。”然后洗澡睡了。

但是刘萍的疑惑并没有解除，李刚的态度反而让她更不安了。她开始翻看李刚的口袋、手机，频繁地打电话给李刚的单位询问下班的时间。李刚的领导不胜其扰，让李刚先回家把家事处理好了再回来上班。

李刚憋了一肚子火，但还是决定找刘萍好好谈谈，没想到刚进门，刘萍就歇斯底里地嘲讽他说："哟，今天怎么回来这么早啦！是不是我给你们领导打电话，你心虚啦？"李刚觉得刘萍简直不可理喻，摔门而出。两人的婚姻从此走到了尽头。

"疑人不自信，信人不自疑"，猜疑的心态，往往源自猜疑者内心深处的自卑。由于不自信，他们怀疑他人对自己友好、关爱的真实性和深浅程度；由于不自信，他们缺乏安全感，总要将所有事情牢牢把握在自己掌心才稍感宽慰。然而，在他们日复一日、永无休止的猜疑中，别人除了疲于应付，便只剩身心疲惫、不堪其扰。想要获得他人关爱的人，反而招来他人厌倦；想要把握一切的人，反而被一切抛弃。因此，年轻的女孩们，放松你紧绷的心灵，改掉你猜忌的习惯吧！只要自信一点，你就会发现，真正的安全感源于你自身，幸福的人生来自你的坦然。

良好性格修炼术

多疑的性格特点除了让我们的人际关系变得更加紧张，对我们的成长是没有任何好处的。女孩一旦发现自己对周围的事物产生了无端的猜疑，就应及时克服，继续发展下去只会对我们的身心健康产生不良影响，给我们的工作、生活和人际交往带来巨大的不便。那么我们该如何克服多疑的性格呢？

1. 提高辨别是非的能力

通过学习，掌握正确的思维方法。客观看待周围的人和事，学会用全面的、发展的观点看事情，避免用片面的思维看问题。遇到自己怀疑的事情，应该先冷静地思考，不要因为事情的表象或不相关的人的几句话就失了方向，胡乱揣测。

2. 多与身边的人沟通

许多事实证明，很多时候，误解和猜疑都是由于当事人沟通不及时造成的。如果已经产生怀疑，应该及时与当事人沟通，及时把不必要的疑虑消除掉。

3. 培养自信心

最后一点也是最重要的一点，很多人喜欢怀疑这、怀疑那的一个很重要的原因就是不够自信，所以老是觉得自己做得不好，怕遭人诟病。所以，培养自信是我们克服多疑心理的一个关键点。我们可以从发现自己的长处和发挥自己的长处开始。

知识点链接

站在女生自我保护的角度，对周围的人或事多一些怀疑其实是有必要的，因为这可以帮助女生提高警惕，令女生生活得更稳妥。但是，这种怀疑也不能过度，不然就会给自己和身边的朋友造成困扰，变成一种性格缺陷。

第04章 塑造大方爽朗的性格：卸掉防御的盔甲，轻盈而行

相对于男孩，大部分女孩在成长过程中都受到过分的保护，乃至于她们长大后依然穿着自己那层厚实的盔甲。也正因如此，她们很容易把自己的心封闭起来，而不善于甚至不乐于与人交际。然而，时至今日，社会的发展与时代的进步，已然将人际关系的重要性提升到了一个前所未有的高度。从某种意义上来说，人际关系的好坏，很大程度上决定了一个人的成败。因此，现代社会的女孩，只有敞开心扉，努力培养大方爽朗的性格，积极参与到各种人际交往活动中，才能广结善缘，积累人脉，为自己的成功增添更多助力。

走出自我封闭，摆脱孤僻性格

一个人社交能力的强弱，很多时候决定了他获得的成功与幸福是大是小，是多是少。然而，尽管这一点已经得到几乎所有人的认同，但是在现实生活中，许多内心渴望与他人交流的人，在真正面临各种社交活动时，依旧缺乏主动性。在与他人沟通时，他们常常忐忑不安，以致无法与他人正常交流。当沟通无奈中断后，他们却埋怨对方无法理解自己、接纳自己。

这种状态，就是我们说的自我封闭心理，被自我封闭心理困扰的人，通常表现为郁郁不乐、社交能力较差。对于现代社会的人们来说，只有勇敢走出自我封闭的圈子，才能提高自己的社交能力，才能更好地融入社会生活。

人们常说，“读万卷书，不如行万里路”，意在指出在一个人成长并走向成功的过程中，增长学识与理论结合实际的重要性。还有一句话，叫作“行万里路，不如阅人无数”，无疑进一步指出了人际交往对于一个人成功的关键性。对于每一个人来说，社交不仅能够完善个人思维能力和生活技能，还能使他的思想观念长久维持新陈代谢的状态；同时，也能丰富他的情感，令其心理保持健康。

走出自我封闭，放飞心灵真我，能够赶走寂寞，赶走消极心理，使自己参与社会生活、融入集体，令自己感受到分享的快乐与集体的温暖。一个人自我开放、自我表现的程度，与其发展高度成正比。可以说，一个人越是敢于开放自我、展现自我，就越能得到更好的发展。因此，对于每一个女孩来说，都必须挣脱自我封闭的枷锁。

良好性格修炼术

只有勇敢走出自我封闭的圈子，女孩才能正确认识自己，积极面对他人、融入社会，最终获得成功的人生。那么，女孩该如何打破自我封闭的堡垒，活出自己精彩的人生呢？

1. 只有你想，才会你能

我们能否获得最终的成功，首先要看我们是否拥有想要成功的强烈渴望，是否为之付出不懈的努力。同样，想要打破自我封闭的樊笼，拥有成功的社交、丰富的人脉，女孩首先要突破自己的心理障碍，勇于迈出第一步，如此才能朝着目标坚定不移地走下去。

2. 正确地认识自己

正确地认识自己包括两个方面，一是敢于直面自己的不足与缺陷，二是善于发现自己的优点与长处。金无足赤，每个人都有缺点，也都存在不足之处，勇于面对，敢于直视，不仅不会令他人低看一眼，反而会因为这种坦诚、勇敢的态度赢得他人的尊重。知耻而后勇，一个人只有真正认识到自己的不足之处，才能更好、更快地改进，才能更大限度地接近完美。

同时，尺有所短，寸有所长，对于自己的优势，女孩也要及时发现并充分肯定。很多自我封闭的人，往往难以发现自己的优点，总是陷于自卑之中，觉得别人轻视自己、害怕走进人群被人排斥。其实，一粒最不起眼的尘埃，也会有它的闪光之处；每一个女孩身上，都有着属于自己的动人魅力和社交砝码。只有看见那个璀璨夺目的自己，你才能以自信的微笑在人群中闪耀光芒。

3. 敢于展现自己，向他人敞开心扉

与别人正常交往，是每一个人通过努力都能够具备的能力，只要记住这一点，摒弃自卑，敞开心扉，每一个女孩都能成为社交高手。与人交往时，女孩不必畏首畏尾，也不必过分地深藏不露，当那个青春的你、开朗的你向他人敞开心扉、对大家坦诚相待时，众人也会投桃报李，以同样的方式回馈你。展现自我，是让他人更好地了解你的捷径；坦诚待人，是与他人心灵沟通的钥匙。只有彼此理解、彼此包容，人与人之间才能达到心灵的契合，才能逐渐由陌生到熟悉，由初识到相知。

知识点链接

那些自我封闭的人，往往在与他人接触的过程中，甚至在与他人接触之前，就先主观地否定了自己。他们因为自卑或是畏惧等消极因素，将自己的心封闭起来，让自己的圈子一点点地缩小，直到难以与他人正常交流。因此，只有打开心防，走出自我封闭的圈子，才能迈出人际交往的第一步。

不要因为不擅社交让自己寸步难行

卡耐基曾说：“一个人成功的因素，15% 得益于他的专业技术，85% 要靠人际关系。”作为群居动物，人类的衣食住行、工作学习等种种行为，都需要与他人打交道。当今社会，社会交际在每个人的生活中发挥着越来越重要的作用。良好的人际关系，对于我们的成功来说是十分必要的。那些不擅社交、不喜沟通，幻想做独行侠的人，注定在发展的道路上寸步难行。

作为 M 广告公司的文员，晓丽和小青两人一个负责端茶递水和打印资料，一个负责会议记录。最近，由于公司效益不佳，老板决定精简各部门员工。听到这个消息后，晓丽和小青两人心里都明白，虽然她俩看似分工明确，但两人都是文员，且两人的工作即便交由一个人去做也能顺利完成，因此，她俩中间必然要有一人出局。

此外，小青还另有一番盘算：我的工作比起端茶递水那种杂活来重要得多，而且我的学历比晓丽高，更何况老板向来欣赏我的工作能力，这次裁员，我应该已经安全过关了。结果，裁员通知到了她手里后，她彻底傻了眼。缓过神后，她找到老板，说出了心中的疑惑。

老板思考了一会儿，说道："不错，你的能力很好，负责的工作也很重要，但这个决定，是综合了大家的意见后得出的结果。你要知道，你负责的工作，晓丽并不是做不了。况且，文员这个工作，本身需要较强的沟通能力，这样才能和各部门的员工顺利交流。你的短板就是你的沟通能力。大家都觉得，你不是一个很合群的人，除了工作需要，平时你基本不和同事交流。大家担心你接手了晓丽的工作后会产生沟通问题，这也是情理之中的。而晓丽呢，虽然她学历不如你，接手你的工作，刚开始时也可能会不熟练，但她每天在各个部门之间走动，和每个人的关系都不错。因此大家认为，即便她在以后的工作中出现问题，大家沟通起来也会比较顺利。所以，经过投票，就有了现在这个结果。"

很多人都听过"朋友多了路好走"这句歌词，也都深刻地认识到人脉对于个人发展的重要性。一个好汉三个帮，行走于世，我们的朋友多了，道路就会更加平坦、通畅。即如文中的晓丽，正是因为平时和大家有着良好的沟通，所以到了关键时候，大部分人都愿意把重要的一票投给她。在工作中，一个人的能力固然重要，但对于集体而言，你的沟通能力，更重于你个人的专业能力。在这个分工日益细化、追求合作共赢的时代，只有良好的沟通，才能带来有效的合作。

良好性格修炼术

毫不夸张地说，在当今社会中，我们想要更好地生存，就必须拥有更好的社交能力。若在某一天，你因为缺少一个曾经看似无足轻重的朋友而被堵上一扇通往成功的大门，当你只能望洋兴叹、徒呼奈何时，你是否会因为往日的不愿社交、不敢社交而悔恨交加呢？与其如此，不如从今天开始，敞开心扉，积极建立自己的人脉。那么，女孩该如何逐步敞开自己的心扉呢？

1. 充分认识并肯定社交的重要性

相信大家都有这样的经验：如果我们认为一件事并没有多么重要，那么，即便我们发自真心地想要做好它，做事的过程中也难免会有懈怠或漫不经心。而如果我们认识到某件事的重要性，那么我们便会不自觉地认真起来，心态上更加积极，行动上也更加努力。同样的，对于社交，我们只有从心底里认识到它对于我们的重要性、关键性，才能更加积极主动地改变自己，并为之坚持不懈地努力。

2. 积极参加各种社交活动

遇事只做思想上的巨人、行动上的矮子，是成功的大忌。对于社交，我们既然已经认识到它的重要性，就要立即付诸行动。很多人不愿意敞开心扉与人交流，往往是因为他们不适应或是不敢进入社交场合，只愿意在自己的小圈子里活动。长此以往，他们被人们渐渐忽视，乃至遗忘，最终，他们只能接受被孤立的结局。因此，女孩要勇于从自己的小圈子里走出来，积极地接触更大的世界。一些氛围轻松的活动，如同学聚会、社团活动等，在这些场合，通常没有利益冲突，很适合社交新手参与其中，尝试突破自我，并累积经验。

3. 努力学习各种社交技巧

仅凭着一颗渴望交际的心是远远不够的，女孩想要建立良好的人际关系，还需要掌握正确的社交技巧。很多社交新手总是遭遇满怀热情换回一盆冷水的尴尬境地，这往往是因为他们不得社交之法，以致事与愿违，乘兴而来、败兴而归。反复多次后，他们的勇气用尽、热情耗尽，又回到自己的小圈子里，再也不愿走出来。因此，掌握正确的社交技巧，对于社交新手来说是十分必要的。

知识点链接

下面为社交新手介绍几条适用的交际技巧：

1.你不应该是一个操控者

很多社交新手为了展现能力、强化自信，往往希望在人群中充当一个决策者、一个操控者。这对于刚入社交圈的人来说，是一个大忌。对于初涉社交的人来说，与他人建立和谐的人际关系，是首要基础。过强的操控欲，只会让尚未与你交心的人远离你、误解你，甚至厌恶你。

2.你不须总是一个附和者

社交新手最忌咄咄逼人、试图掌控一切，但这并不意味着你必须一味地附和别人。“老好人”不会得罪人，但“老好人”也很难得到别人的敬重，很难引起别人与之交心的欲望。尊重别人不等于事事顺从别人；保持人格平等，在宽容、理解的基础上友好地提出自己的意见，才是对他人真正的尊重。你的声音，不仅让大家更加了解你，也让大家在探讨与分享中，共同成长、共同进步。

3.你不必总是一个幽默者

很多社交新手都有一个误区，认为只有字字珠玑、句句幽默，才能在活跃气氛的同时获得大家的关注和认可。当然，幽默风趣的语言能让你迅速成为人群中的焦点，成为社交圈的宠儿；但是，你也不必因此而强求自己，刻意追求幽默的效果，这样反而会束缚自己，失去自己真正的特色。社交新手最需要做的，是待人友善，在良好的社交氛围中仔细观察、认真学习。与其拼命追求幽默而令自己紧张疲惫，不如轻轻松松地享受并称赞他人的风趣，在耳濡目染中受到启发、积累经验。

抛开羞怯，没人会拒绝你

时至今日，仍有很多人持有这样的传统观念：在社交场合中，女孩应该矜持、羞涩；在面对异性时，不能太过主动，否则就不能被称为稳重、自爱的女孩。在这种传统观念的束缚下，再加上一些自卑、胆怯等消极因素，现代社会中，尽管很多女孩深知人际关系的重要性，却总是欲说还休，红着一张脸不敢踏入社交圈，平白浪费了许多社交良机。

眼看着还有半年就要大学毕业，生性胆小羞怯的苏丹为了自己将来的职业发展，决定先找家公司实习几个月，以此锻炼、改善自己的性格。所幸，应聘的过程并不艰难，不久，苏丹就进入了大学所在地的一家服装公司。

在理想的映衬下，现实总是别样骨感。怀揣着改善性格这一愿望开始实习生活的苏丹，在实习期已过去大半之后，依旧是那个青涩羞怯、人前开口就脸红的稚嫩学生。除了她的组长，对于公司其他同事来说，她和一个刚进公司的新人没什么两样。因为，虽然他们已经共事了几个月，但苏丹并不认识几个人，而大家对苏丹也没什么印象。组长总是开导她说："你只是个实习生，将来会不会留在公司，谁也不知道。况且，你是新人，一个前途未卜的新人，等着别人主动来认识你是不现实的。只有主动走出去，你才能认识大家，才能跟大家打好关系。"苏丹每次听完这番劝诫，总是点头称是，但一到独自面对同事时，她依旧是红着脸低头走开。

这天，公司负责服装外借的金子有事脱不开身，便找到苏丹，要她把衣服送去给业务员小琴，由小琴送给客户。苏丹顿时一个头两个大，别说"小琴"这个昵称，她连众多同事的全名都搞不清。她抱着一堆衣服，茫然失措，却又不好意思去问金子，只能在办公室里暗自着急。直到大半天以后，有个同事注意到呆立了良久的她，才帮着她把衣服送到了小琴手里。

然而，这一耽误，可闯了大祸。客户原定最迟下午3点收到衣服，小琴赶到时，天已经擦黑。原本租用衣服是为拍摄，这下拍摄工作也耽误了。除了索赔，客户一怒之下，还取消了日后的合作。因为给公司造成了损失，苏丹的实习期还没结束，就被公司辞退了。

对于自己的羞怯心理，很多人都有所意识，并且希望能够作出改变。然而，现实情况是，有些人能够顺利达到目标，有些人却屡战屡败。即如案例中的苏丹，她本着一颗改变自己的心，主动寻求实习机会，最终却依旧难以遂愿。出现这种情况，到底是因为什么呢？从很大程度上来说，这是因为失败者并不清楚造成自己羞怯的真正原因。

每个人的性格，除了先天因素外，很大程度上决定于后天因素，即一个人在成长过程、生活环境中逐渐形成自己独特的个性。同理，羞怯也是如此形成的。意识到自己的性格有缺陷固然是一大进步，但若由此便开始盲目地作出改变，只能是一场徒劳，甚至令原本进步的自己又退回原点。苏丹意识到了自己的问题，却没有找到正确的方法。她只知改变外在环境，希望自己在陌生的环境中得到锻炼，却不知从根本上改变自身，依旧秉持羞怯的“惯性”。一切外因，皆是内因的结果。羞怯的女孩，如果你自身不作出改变，那么，无论环境怎么变，也于事无补。因为，让你羞怯的，从来不是陌生的环境、陌生的人，而是你心底的怯懦；而你的怯懦，则来源于你的自卑。试问，一个没有自信的人，一个觉得自己处处不如人、毫无长处的人，又怎能勇于在人前展现自己、与人交流呢？因此，想要迈出人际交往的第一步，女孩必须首先摒弃自卑，建立自信，这是最重要的改变。

良好性格修炼术

性格的改变从来不是一蹴而成的，它需要我们付出坚定的耐心与持久的努力，有时甚至要我们“剥皮拆骨”，在极大的痛苦中一点一点重塑自己。对于羞怯，我们也要沉下心来，一步一步地消除它、战胜它。下面介绍的几点，相信能够对大家消除羞怯心理有所帮助。

1. 勇于参与社交

想要战胜羞怯心理，必须从改变自身做起；勇敢地迈出第一步，才能走向理想的彼岸。女孩们，如果你想变得开朗大方，就要勇于参与社交，多与他人接触，在人际交往中学习与陌生人沟通的技巧、待人接物的方法等，同时锻炼自己在公众场合开口说话的表达技巧与心理素质等。只要你掌握了一定的技巧和方法，熟悉了社交场合的氛围，你就会发现，羞怯已渐渐离你远去。

2. 整理出令自己胆怯不安的因素

很多羞于表达的女孩，往往十分胆小，她们对许多事物怀有畏惧心理，总是怕自己说错话、做错事，以致招来他人的嘲笑。对此，女孩可以静思一番，整理出那些令自己忐忑不安的因素，然后将它们记录下来，再逐条审视。如果你能冷静客观地作出分析，你会发现，很多事情并不可怕，是你自己将它“妖魔化”了。通过这种审视法，女孩能够重新认识自己，看清自己的内心与外面的世界，也能借此增加自己的勇气。

3. 让自己充满信心

从本质来说，羞怯心理包含着强烈的自我意识，这种心理的产生，根源在于人们的自卑。很多羞于表达的人，往往是对自己没有信心而又拥有强烈自尊的人，在这两种心理的共同作用下，他们宁愿默默无闻、远离人群，也不愿冒险开口，在人前出丑。因此，女孩只有对自己充满信心，发自心底地认可自己、相信自己，才能敢于表达自己，敢于融入社会交际，彻底抛弃羞怯心理。

知识点链接

矜持，是女孩美好的姿态，而不应成为女孩发展的障碍。时代的发展，角色的转变，令当代女孩不可避免地要走入社会、与人交际。在这种情况下，女孩千万不能让羞怯成为自己人生路上的绊脚石。

有良好的性格，才有亲和力

从豆蔻年华走入花季雨季，正是女孩最好的年华。少女的一颦一笑，总是洋溢着青春的活力；少女的一举一动，总是挥洒着蓬勃的朝气。这一时期的女孩，是无忧无虑的，是美好纯真的；这一时期的女孩，对未来充满向往，对人生满怀憧憬。她们拥有灵动快乐的眼神，拥有干净善良的心灵。

然而，现实生活中，有些少女却总是愁眉不展、忧心忡忡，对学习没有兴趣，对生活也缺乏激情，脸上写满了“不快乐”。正值韶华的她们，为何不能像同龄人那样尽享青春的美好呢？难道是老天刻意薄待她们吗？事实上，内因成就外因，一个人快乐与否，取决于他自己对于事物的看法和态度。如果我们让自己的心中装满欢乐，那么就能获得欢乐；反之，若我们总是想那些悲伤凄惨之事，那我们的心情自然会变得糟糕。人生在世，我们的心情是好是坏，决定权在我们自己手中。因此，如果女孩想要拥有更加快乐、精彩的人生，就要让自己积极起来、开朗起来，这不仅是一种养生之道，更是一种生活艺术。

著名的潜能开发大师迪翁有一句十分经典的名言：“任何一个苦难与问题的背后，都有一个更大的幸福！”正是这句话，激励了无数人，使得他们在面对人生的难题时，更加积极、更加勇敢。

迪翁有一个可爱的女儿，他十分疼爱她。然而，一次意外，让这个女孩失去了小腿。当时，迪翁正在韩国参加演讲赛。当他匆匆忙忙地赶到医院时，面对已经术后醒来的女儿，他竟不知能说些什么。一向能言善道的他，有生以来第一次感到自己笨口拙舌。

看着痛苦到失言的父亲，身心皆遭剧创的女儿反而主动安慰起他来，她笑着说："爸爸，任何一个苦难与问题的背后，都有一个更大的幸福。这是您的名言，您忘了吗？您不要难过，或许，这就是上帝给我的另一个幸福。"

迪翁强忍着泪，颤抖地说："可是，可是……你的脚……"

懂事的女儿又笑了，说道："爸爸，请您放心。没有了脚，我还有手。"

女儿的话，让迪翁既心酸，又欣慰。

两年后，女孩升入中学，从小就打垒球的她，入选了学校的垒球队。面对自己腿部的残疾，她没有自怨自艾，而是更加努力地锻炼肌肉，练习击打。因为她明白，即便是深远的安打，也不一定能安全上垒；只有全垒打，将球奋力击出底线之外，才是她唯一获胜的把握。因为她的勤奋，她不仅没有拖球队的后腿，还成为该队有史以来最厉害的全垒打王。

"任何一个苦难与问题的背后，都有一个更大的幸福。"父亲的这句话，也成为女孩的座右铭。她将它牢记在心，镌刻在自己的意志中。她从这句话中获得巨大的力量，深信只要活着就有希望，任何灾难都不能将她打到，因此她有足够的信心和能力迎接各种挑战。在人们的印象中，这个身残志坚的女孩，永远面带微笑。

所罗门曾说："乐观的心态，就是最强劲的兴奋剂。"马歇尔·霍尔医生也曾经对自己的病人这样说："乐观的态度，是你最好的药。"可见，乐观的心态，对于我们的人生而言，有着无可比拟的重要性。乐观是心灵的甘露，滋润着心灵中一切美好的品德，使其茁壮成长。乐观是心灵的拂尘，扫去人们心头的尘埃，让心灵得以清净。

面对人们关于怎样抵抗诱惑的问题，一位虔诚的作家这样回答："首先，要有乐观的态度；其次，要有乐观的态度；最后，还是要有乐观的态度。"乐观的人，无论面对怎样的挫折打击，都能够笑着活下去，并以坚强的脚步走出困境。乐观的心态，不仅是一种美好的品行，更是我们最珍贵的宝藏。

青春期的少女，正处于一个十分重要的阶段。在这一时期，女孩各方面都处于高速成长阶段，身体逐渐从稚嫩走向成熟，自身的个性也在逐渐发展与成型。因此，女孩要着力培养自己开朗大方、乐观积极的性格，为将来的人生打下良好的心理基础。

良好性格修炼术

性格开朗、积极的女孩，在社交圈中不仅能够感染他人，也能够尽显自身魅力。同时，这样的女孩，在未来的坎坷人生路上，更能活出真我、活出精彩。那么，女孩应该从哪些方面入手，培养自己开朗的性格呢？

1. 努力完善个人品质

在一个良好、正当的社交圈中，没有人愿意与品行不端的人来往，因此，女孩若想获得他人的青睐，建立良好的人际关系，首先应从完善自身品质出发，让自己成为一个值得他人交往的优秀者。只有人们愿意与你交往，彼此才有可能进一步展开沟通，在相互的了解中增进感情。

2. 正确认识自己与他人

那些性格孤僻、缺乏亲和力的人，大体可以分为两种：一种是孤芳自赏者，他们眼高于顶，不屑于与人交往；一种是自卑内向者，他们自卑而又自尊，唯恐与人交往时遭到拒绝或是嘲笑，因此远离人群，以此来保护那颗脆弱而敏感的心。

显而易见，这两种心态都是错误而极端的。而造成这两种心态的根本原因，是人们不能客观中肯地看待自己，也不能正确理性地看待他人，因此他们或是瞧不起他人，或是看低了自己。我们只有正确地认识自己和他人，看到每个人身上的长短优劣，才能做到不卑不亢，自信自爱，在维护自尊的同时也尊重他人，在拥有主见的同时也从善如流，在一个良好的社交氛围中，与他人互相影响，共同进步。

3. 培养健康向上的情趣

健康向上的情趣，能够让女孩的心灵得到滋养，气质得到升华。例如，养花弄草、阅读、听音乐、运动、旅游、研究学问或技术等，都能让女孩在陶醉其间的过程中，感受到心灵的宁静与放松，感受到生活的美好与希望。这种情感体验，有益于女孩良好性格的培养。

4. 掌握一定的社交技巧

良好的沟通，能够让沟通双方感受到愉悦、轻松的心情。当看到对方也如同自己一样享受这一次的交流时，这种回馈能够激起女孩对社交更大的好感与兴趣。如此反复积累，再封闭的心，也会主动打开牢笼，敦促自己投入社交圈中。因此，女孩在平时可以阅读一些指导人际交往的书籍，或是向社交老手学习经验，以掌握更多的社交技巧，让自己与他人的沟通更加顺畅、更加和谐。

知识点链接

良好的性格，是女孩具有亲和力的基础。除非独具慧眼，否则人们很难从性情古怪或是品行恶劣的人身上看到值得交往的闪光点。没有朋友襄助的人生，注定坎坷艰难，甚至寸步难行。因此，女孩需要着意培养自己的良好性格，让自己具备亲和力，这样才能获得更多人的青睐。

把握与异性交往的尺度

社交场合中，女孩需要与很多种人打交道，或老或少，或冷或热，或成功或平凡……若只是从性别方面来区分，那么女孩交往的不过两种人：一种同性，一种异性。交往过程中，不论交际对象是男是女，只要双方都本着真诚友好的心，那么彼此之间的关系就十分简单明了，无须赘言。然而，现实生活中，对于异性之间的交往，很多人会习惯性地戴上有色眼镜去看待，以致异性之间的友情变得复杂难言。

有些女性坚定地认为男女之间不存在真正纯洁的友谊，因此不愿意甚至十分抗拒自己的男友与异性朋友太过亲近。虽然这种想法含有主观臆测，但并非没有道理。因为异性友谊中包含的包容、信任、依赖等因素，本身就含有爱慕的成分。然而，我们并不能以此断言男女之间不可能存在友情。而这份友情是否纯洁、是否能够很好地维持下去，关键在于双方对于位置和度的把握。太过亲近，难免生出暧昧；太过疏远，又形同路人。如何找准自己和对方的位置，如何拿捏彼此相处的度，需要女孩仔细衡量；否则，就会给自己带来许多莫名其妙的麻烦。

大学毕业后，小敏凭借出众的外形条件和社交能力，顺利进入一家酒店，谋得了一份公关的工作。在酒店中，因为自身的优秀条件，她受到了大家的欢迎。尤其是一些男同事，更是争着抢着想和小敏一起搭档工作。生性活泼、交友广泛的小敏，对于别人的相约，无论是吃饭、出游，还是逛街、健身，只要自己时间允许，她都一一答应，从不拒绝。

想到自己身为新人，刚进入酒店不久就和大家打成一片，自己的工作也在大家的协助下顺风顺水，小敏十分兴奋，更是在心中画好了未来的发展蓝图。然而，正当她乐在其中时，同事张磊突然向她表白，弄得她措手不及。更夸张的是，还没等小敏想好拒绝张磊的说辞，当天下午，李汉也通过邮件向她告白。让她头疼的事并没有就此结束，几天后，在一个周末的下午，酒店的一位常客约她喝茶，并直言不讳地告诉小敏，希望她做自己的情人。看着这个道貌岸然的有妇之夫，小敏捏紧了拳头才忍住到了嘴边的咒骂，委婉地拒绝后，礼貌地辞别了客人。

周一早晨，小敏顶着愁大的脑袋来到酒店时，竟在茶水间听到了许多关于自己的传言。有人说她脚踏几条船真是好手段，有人骂她给人做小三实在不要脸。小敏满腹委屈却无人可以诉说，她似乎成了女同事的公敌，也成了男同事眼中的洪水猛兽。

如果小敏能够把握好与男同事、男性客人之间的交往尺度，那么，这些误会就不会产生，事情也不会演变到这一步。在正常的社会交往中，无论是对男性还是女性，女孩都应当做到乐于助人、友善关爱、开朗大方，但一切的前提，是要把握好尺度，尤其是面对异性时。过分的亲昵，如暧昧的甜言蜜语、近距离的身体接触、超出本分的关怀等，除非你是在向对方表达爱意，否则，这些都是不能触摸的禁区。

良好性格修炼术

在和异性交往时，为了避免引起对方的误会，给自己招来闲言碎语，女孩一定要懂得保持合适的距离。那么，在交往过程中，女孩应注意哪些方面呢？

1. 选对场合很重要

异性朋友交往，应尽量避免共处于隐秘的场所，如电影院、各自的房间等，这些场合本身带有一丝暧昧的气味，容易使人浮想联翩、产生错觉。因此，与异性朋友相处时，最好选择公共场所。

2. 言行不随便，举止不轻浮

异性朋友和情侣之间的交往，有着本质的区别。面对异性朋友，无论彼此之间多么熟识亲近，女孩都不可言行随便、举止轻浮。随意与男性身体接触、坐姿不雅、开一些过分的玩笑、说一些不合适的话题等，这些行为都是应当避免的，因为它们具有相当的挑逗性。即便对方较为迟钝、木讷，这些言行举止也会让对方的女友或是他人产生误会。此外，一些“不拘小节”的男士，也会偶尔在异性朋友面前口无遮拦、举止随意，面对这种情况，女孩应及时制止，从而保护自己。

3. 不要给对方幻想的空间和机会

有人曾说，异性之间想保持友谊的纯洁，比男人追女人更难。这句话虽是戏言，但有着其自身的道理。异性朋友之间，尺度的把握向来是个难题。有时，或许是你不经意的一句话，就会给对方造成错觉，让其认为你在暗示些什么。因此，如果你只是想与对方做朋友，那么，就要管住自己的言行。同时，若是对方作出一些超出友谊范围的暗示，你也要及时制止，并且以合适的方式表明心意。

知识点链接

人生有三五好友，是一大福气，有一二“蓝颜知己”，更是难得的好运。有些时候，在某些方面，异性朋友对我们的帮助，是同性朋友无法做到的。因此，女孩必须把握好与异性朋友的交往尺度，既保护自己，也让这份友谊细水长流。

与人为善，合作共赢

从古至今，中国人都秉承着祖辈流传下来的一句古训：“与人为善。”这一中华民族传统美德让古今中外的人获益颇丰。与人为善，让我们胸怀豁达、谦让有礼；与人为善，让我们进退有度，在彼此的谦让中合作共赢。

当今社会，职场中的人们承担着巨大的压力，面临着机遇与挑战并存的局面。作为社会人，每个人都必须寻求与他人的合作，才在能挑战中赢得机遇，在机遇中铸造辉煌。合作，是为了成功，更是为了生存。在一场场或大或小的合作中，我们只有真诚地善待别人、帮助别人，真正做到与人为善，才能与他人共同营造良好的人际关系，实现合作共赢。

《老子》中有云："祸兮福之所倚，福兮祸之所伏。"那些最终收获成功的果实、收获美满人生的人，往往是高瞻远瞩、不计较眼前得失、乐于谦让的人。而那些目光短浅、为了眼前利益锱铢必较的人，往往会捡了芝麻丢了西瓜，因为一点蝇头小利而失去人心、自毁长城，最终一无所获，甚至一败涂地。

与人为善，看似一味付出，没有回报。其实，你在善待他人、谦让他人的同时，也对他人进行了感情投资。他人在眼下欠你的"人情"，很可能在日后为你带来出人意料的回报。而他人对你的回报，并不仅仅停留在物质层面；对于你的善意，对方也会报以好感与情谊，这将为你带来不可言状的满足感、充实感。

良好性格修炼术

那些不愿与人为善，或是做不到用欣赏的眼光看待事物、善待他人的人，通常是因为他们的内心不够强大。因为内心不够强大，所以他们害怕别人高于自己、强过自己；因为内心不够强大，所以他们斤斤计较，不懂得将心比心、宽以待人。因此，女孩只有首先让自己的内心变得强大，才能在自信中获得足够的安全感，进而真正做到与人为善。那么，女孩要从哪些方面着手，才能强大内心、强化自信呢？

1. 看到自己的过人之处

很多人之所以自负或自卑，就是因为没有正确认识自己。自负的人，即便尝试与人为善，也总是一副高高在上的施舍姿态；自卑的人，往往会为了维护所谓的尊严或权益而更容易与人斤斤计较。只有真正自信的人，才能拥有冲淡平和的心态，才能以谦和的态度，让他人感受到他的友善。自信，来自我们对自身的正确认识。一个人只有客观中肯地认识到自己的过人之处，才能获得真正的自信，才能充分发挥自己的优势，并在发展的道路中不断强化自信、升华自信。

2. 拥有对各种环境的适应能力

由于充满未知性，陌生的环境往往会令人缺乏安全感，进而产生畏惧感。

此时，人体的自我保护机制便会本能地打开防御系统，令人逐渐生出排他性，甚至是攻击性。在这种情况下，即便我们内心想要与人为善，表现在言行上也会有所欠缺，甚至事与愿违。因此，女孩应当强化自己适应各种环境的能力。无论何种环境，不管是否陌生，只有在一个已经适应的环境中，女孩才能找回强大的心，在所处的环境中应对自如，如鱼得水。

3. 停止抱怨

抱怨，是因为对于现实无能为力，或是不愿努力。抱怨无法改变任何事实，只能让自己陷于更大的苦恼中，让他人厌烦我们、远离我们。与其整日活在抱怨中无法自拔，不如勇敢地站出来，直面生活的艰辛、职场的挑战。当你将原本的无能为力化为永不言弃，将原本的不愿努力化为不懈追求时，你会发现，自己那颗脆弱而懒散的心，已逐渐变得坚硬且积极起来。

4. 不计较眼前的得失

目光短浅的人，只知争一时之长短，为了眼前的蝇头小利斤斤计较，得利不让人、得理不饶人。试问，这样的人，又怎能真正做到与人为善？古人云："不谋万世者，不足谋一时；不谋全局者，不足谋一域。"只有将眼光放得长远，我们才能站在更高的角度，更全面地看待问题；才能坦然地面对眼前的得失，在宠辱不惊中令自己的内心不断强大。

知识点链接

现代社会，一切成功都以良好的合作为前提，而与人为善，则是我们与他人达成良好合作的基础。与人为善比一切言行都更能体现我们的诚意，让对方消除疑虑，更加愿意与我们合作。

第05章
养成自主独立的性格：做自己的主人，女孩坚定前行

从古至今，很多人惯来认为女孩应该被牢牢保护着，认为女孩最大的人生价值就是做一个贤妻良母，终日相夫教子。不仅众人这么想，时至今日，仍有许多女孩觉得一个优秀的丈夫是她们最大的靠山。然而，俗话说，靠山山倒，靠人人跑，这个世上没有永远靠得住的人，更没有永远靠得住的事物，只有自己，才是我们永久的依赖。因此，女孩必须培养自己独立的性格、自立的能力，不仅要做到经济独立，还要具有独立思考的能力。只有真正做到经济独立、思想独立，你才能掌握自己的人生，才能避免成为“附属品”。

摆脱依赖，女孩你应该学会自立

从小到大，从家庭到学校，我们一直在被家长和老师这样教育："要独立自主，要摆脱依赖。"那么，究竟怎样才算是独立自主，才算是摆脱依赖呢？是父亲希望的独自上下学，是母亲念叨的自己的衣服自己洗，是老师要求的自己的事情自己承担，还是当年我们那幼小的心灵中认为的自己赚钱养活自己？这些，都可以称得上独立自主，却又都太过浅显。真正的独立自主，不仅要求我们能够摆脱物质等方面的依赖，更需要我们从心理上摆脱依赖，能够成为自己的主人。

享誉世界的英国剧作家莎士比亚，被人们称为"人类文学史上最伟大的戏剧家"。他出身于英国一个富商家庭，家境优渥。但生性好强的他，主动放弃了依附家庭的寄生虫似的阔少生活，决心自立自强。也因为如此，他在一举成名以前，经历过许多波折，吃尽了苦头。

13岁那年，莎士比亚离开学校，开始在做生意的父亲的手下帮忙。三年后，到了16岁时，莎士比亚离开家庭，开始独自闯荡。他一路游历，最后到达伦敦。此时，他的钱袋已然空空如也。想到自己从小便立志成为戏剧家，他决定去戏园子打工，并觅得一份为观众看马的工作。工作了一段时间后，戏院里的人发现莎士比亚聪明好学，而且口才不错，就开始让他跑龙套。又过了一段时间，大家又发现莎士比亚在设计舞台动作和台词方面有着独特的天赋，于是让他尝试改编剧本。无论是看马、跑龙套，还是改编剧本，对于每一份工作，莎士比亚都兢兢业业，力求做到最好。

除了戏院里的这段生活，莎士比亚还有过其他方面的丰富经历。他当过书童，当过屠宰场的学徒，当过兵，当过律师，当过乡村里的教员……为了讨生活，他还漂过英吉利海峡，到达荷兰、意大利等地。四处闯荡、独自求生，这样的生活经历增长了莎士比亚的见识，也丰富了他的阅历。而这些经历，也成为他日后戏剧创作的宝贵素材。

正所谓智者求己，愚者求人，智愚之间，往往只隔着一个“自立”。自立，是女孩从稚嫩走向成熟的第一步，是女孩获得巨大成长、进步的标志。松下幸之助曾经说过：“没有自己主性的态度和意志，只靠别人的力量或金钱买来的，都只是力量薄弱的东西。”只有自立的人，才能自强，才能拥有自信、获得别人的尊重。女孩们，用尽一切力量培养自己自立的能力吧！只有这样，你才能掌握自己的命运，不再受制于人。

良好性格修炼术

那么，女孩应该从哪些方面着手，才能迈出走向成熟的第一步，摆脱依赖心理，成为自立自强的人呢？

1. 正确地看待依赖心理

人生而具有依赖心理，这是不争的事实。如很多人习惯于从众，就是依赖心理的体现。因为从众不仅能使人获得安全感，更能使人不必背负责任。换而言之，就是人们依赖他人的决定或力量来使自己逃避自主选择以及这种选择可能会带来的不良后果。

通常情况下，孩子的依赖心理重于成人，女性的依赖心理重于男性。青春期的女孩，正处于一个身体飞速成长而心理矛盾斗争的阶段。这一时期的女孩渴望独立自主，渴望获得他人的承认，却又不得不面对经济无法独立、心理依旧稚嫩尴尬的局面。在这种矛盾中，有的女孩为了所谓的独立自主而刻意乖张叛逆，有的女孩则在无所适从中，任由自己的依赖心理愈发严重下去。毫无疑问，这两种选择都是错误的，更是极端的。由于特定的成长阶段和现有的各种能力，青春期的女孩存在依赖心理是理所当然的，无须为此耿耿于怀，或是刻意反其道而为之。女孩应该做的，是正确地看待自己的依赖心理，理解、接受，并找到症结所在，而后对症下药，在一天一天的成长中，循序渐进、有的放矢地摆脱依赖心理。

2. 坚持不懈地与习惯性依赖抗争

有些人的依赖心理已经成为一种习惯，甚至形成了“依赖型人格”，对此，我们只有坚持不懈地与之抗争，才能取得最终的胜利。勤奋是实现一切目标的基础，懒散的人往往很容易动摇，遇到一点挫折或难题就畏缩不前。为了斗争取得胜利，我们可以采用一些有效的方法。例如，对于自己日常生活中的行为，先作一下整理与分类，看看哪些事情是习惯性地依赖别人做，哪些事情是自己做主的。对于那些依赖别人做的事，再将其分为自主意识较弱、根本无意尝试，自主意识较强、无奈能力不够两种。我们可以先从自主意识较弱的事情入手，以此作为克服依赖心理的突破口。一旦有所收获并形成自主习惯，将带给我们极大的成就感和幸福感，并进一步强化自信。而对于那些自主意识较强却无能为力的事，我们则须耐下心来，从锻炼、提高自己的能力着手，逐步改变现状。

3. 独立自主≠刚愎自用

自立，是在芸芸众生中勇敢做自己的主人，而不是将自己排斥于众人之外。无论什么时候，独立自主都不等同于刚愎自用、固执己见。自立并不是要求女孩在穷途末路之际依然孤军奋战，这对于成功只会百害而无一利。自立是一种顽强的生存能力，更是一种成熟的心理状态。真正自立的人拥有自己的主见，拒绝盲从、坚守自我，同时也会知错就改、从善如流，在不断的改进中，向着那个更趋于完美的自己前行。

知识点链接

球王贝利曾经说过这样一句话：“我能成为球王，而我的儿子是不会成为球王的。”他之所以这么说，是因为他明白，人生的成功，与自立有着密不可分的关系。贝利出身于一个贫困的家庭，艰苦的生长环境使他拥有出众的自立能力，正是这份自立能力，最终助他成为举世公认的球王。而贝利的下一代，注定含着金汤匙出生，在这种生长环境中，从小就锦衣玉食的孩子对于富足的生活有着严重的依赖心理，很难继承父辈那种勤奋刻苦的自立能力。因此，他们的成就永远无法超越父辈。中国人常说的“富不过三代”，蕴含的也是这个道理。

勇敢说“不”，独立的女孩不要成为“附属品”

从小，女孩就被要求乖巧、听话，而达到这些要求的女孩，历来是家长和老师眼中的好孩子、好学生。随着年龄的增长，女孩逐渐有了自己的主见，这时，女孩发现，言听计从的做法再也无法令自己从心底里完全接受；而开口说“不”，又怕有损自己“乖乖女”的形象，令师长、亲友们失望。

然而，一味对他人百依百顺，事事听从父母长辈的安排，对于女孩来说，真的百利而无一害吗？恐怕事实未必如此。习惯了对父母长辈言听计从的女孩，不仅失去了自己对于事情的决定权，也失去了在其成长阶段培养自主能力的机会。这样的女孩，很可能走向两个极端：一种是小时是家中父母的傀儡，成年后是社会上任人摆布的木偶，终其一生，都难以主宰自己的命运；另一种则因为长期将自己真实的想法压抑在心中难以表达，最终形成叛逆的性格，一旦她经济独立，摆脱了父母的控制，就会不辨是非地与父母、与他人抗争，只是为了做“真实的自己”。

因此，青春期的女孩除了要在学习方面付诸努力，更要关注自身心理的成长，主动培养自己的自主意识。当面对父母或他人错误的言论或不合理的要求时，要敢于说“不”。

在父母的教育指导下，琳琳从小就养成了阅读的好习惯。今年，琳琳升入五年级，认识的字越来越多，于是，她给自己增加了一个任务——每天晚上完成功课后，阅读一份当天的报纸。在阅读时，她若遇到不认识的字，就先查字典，然后记在本子上，并附上这个字的读音和字义；同时，她还会抄下那些文笔优美的句子。

这天，琳琳在看一篇报道时，发现编辑将“淋漓尽致”写成了“淋漓尽至”。巧的是，两天前，语文老师刚教过这个成语。琳琳满心疑惑，便拿着报纸去问爸爸。正在看球赛的爸爸头都没回，敷衍地说了一句：“人家报社编辑什么水平，你们小学老师什么水平，肯定是你们老师讲错了。”说完，又专心致志地看起球赛来。

琳琳左思右想，还是不能确定，于是，她拿起字典，仔细地查了一查，发现是报纸错了。就在琳琳认真地查字典时，妈妈来到她身边，静静地看着她。等她扬起骄傲的小脸时，妈妈也欣慰地笑了，摸着她的头说：“乖女儿，你真棒。不仅细心发现了错误，还有自己的主见，没被爸爸那不负责任的话迷惑。”

这时，爸爸听到妈妈的话，也来到琳琳身边，对照了报纸和字典后，爸爸不好意思地笑了：“还是女儿厉害，爸爸以后也要多向你学习啦！”

文中的琳琳，无疑是个有主见、敢于说“不”的女孩。面对疑惑和爸爸的敷衍，她没有将错就错，而是自己去查字典，最终找到了正确的答案。她敢于质疑的精神，不仅令妈妈对她赞赏有加，也令爸爸认识到了自己的不足。这样的孩子，无论年龄多小，她的精神都是值得我们每一个人学习的。

生活中，当女孩遇到某些问题，或是对某些事物产生困惑时，可以去咨询父母及他人的意见作为参考，而不必事事顺从父母、听从他人。对于那些我们自己认为正确，而客观事实也确实如此的事，我们应当勇于坚持主见，对反对的声音说“不”。

良好性格修炼术

由幼年走向成年，对于一些女孩来说，年龄的增长带来的改变，不过是从依赖父母变为依赖另一半，且对他们百依百顺。这种天真的行为，即便不会毁掉她们的幸福人生，至少也会令许多人命途多舛。女孩们，你只有拥有主见，敢于说“不”，才能掌握自己的人生，避免成为他人的“附属品”。那么，女孩该怎样做，才能让自己更加独立，更加有主见呢？

1. 我的兴趣爱好我主宰

兴许父母希望你按照他们的兴趣、爱好规划自己的人生，这时，你不必一味地听从父母的话，你可以告诉父母你自己的想法，因为每个人都有自己的个性。

2. 不依赖他人，学会独立

青春期的女孩生活在一个多样化、富有选择的时代中，女孩们必须学会自己选择，从而作出有根据、负责任的决定。如果你了解自己的偏好，对其充满信心，能够顶住外部的压力，在全面考虑、自己作出选择的同时能顾及这一选择带给自己和他人的后果，那么你就能作出更加正确的决定。

3. 不要给自己找理由

青春期的女孩们再也不要以自己还小为理由而选择事事听从父母，你们应该学会独立地去生活、学习、思考，这样你才算真正地独立、真正地成熟起来了。

知识点链接

敢于说“不”并非是要你把自己的想法强加于人。生活中总有一些很任性的女孩，只要是自己想要的就一定要得到，如果别人与自己的意见发生了分歧，总希望别人认同自己的想法，这是虚假的自主。女孩必须明白的是：真正独立自主的人不仅有自己的想法，还懂得尊重他人的想法。

女孩经济独立很重要

随着社会的发展与进步，随着女性地位的提高与责任的加重，保持经济独立，已经渐渐成为每个女性都十分需要具备的能力。时至今日，仍然有不少成年女性“在家靠父母，出嫁靠丈夫”，因为经济上的依赖而失去了自我空间、个人价值乃至自主权，无奈地成为“啃老族”“附庸品”。

有一个女孩婚后做了全职太太，负责在家带孩子。经济来源就靠她老公。一月5000块左右，养活一家三口，日子勉强过得去。女孩妈妈的生日就要就到了，她跟老公商量说打算给她妈妈2000块钱。女孩平时没有收入来源，从未对妈妈表达过孝心，所以一直感觉亏欠妈妈。况且妈妈年纪也大了，她想给辛苦的妈妈2000块钱，表达自己和老公的一点心意。可是老公不高兴。女孩平时很节约，因为她没有收入来源，所以她买点东西老公也总反对。她自从婚后就没买过衣服，穿的都是婚前的衣服；可是自己的妈妈要过生日了，想给点钱意思一下，难道都不行吗？把自己养大成人，妈妈也不容易，表示一下孝心是应该的啊！最后她老公说了一句，咱家的钱都是我挣的，你还靠我养活呢，我的钱你没资格分配。女孩很想离婚，但还是决定为了孩子，再忍忍。

因为经济不独立，所以女孩在家没有说话的权利，但凡涉及钱方面的事她都做不了主，乃至渐渐地在家中失去了所有的话语权。这真的是深深的悲哀，也值得每一位女性引以为戒。

无论是精神上还是物质上，过分依赖他人，都难有好的结果。精神上过分依赖他人，你会失去自我；而物质上过分依赖他人，尤其是完全依赖你的另一半，那么你最终很可能失去他。你的附庸，或许会让他压力倍增，或许会让他俯视于你，无论哪种非平等的心态，都会让他渐渐远离你。因此，女孩想要爱情长久保鲜，婚姻幸福美满，必须保持独立的经济能力。这并非为了向男人宣战，而是为了告诉他们，也提醒自己：我有我的个人价值，我有能力维持我的尊严，我与你在人格上是平等的。

良好性格修炼术

经济独立，其实独立的不只是金钱，还有你的人格和尊严。虽然我们常说相爱的人不分彼此，但现实生活中，大多数人的爱情在过了热恋期之后都不可避免地会落入俗套，要开始与柴米油盐打交道。谈钱的确很伤感情，但是生活中又确实处处都得与钱打交道，女孩要想不依靠别人生活，就得做到经济独立。那么，如何让自己做到经济独立呢？

1. 不放弃自己的工作

很多陷入恋爱或步入家庭生活的女孩，总是全身心地投入感情生活而忽略或直接放弃工作。这本身或许无可厚非。但是女孩只有拥有自己的工作，才能有经济来源，说话才能有底气。无论何时，都不要把自己的人生完全交付给一个男人，这是颇具风险的事情。

2. 坚持学习

无论你现在是未婚还是已婚，在从事怎样的工作，都应不断学习，不断更新、扩充自己的知识储备。在这个更新换代日新月异的时代，我们只有跟上时代的步伐，才能不被发展的洪流淘汰，在竞争中取得自己的一席之地，保持经济独立的状态。

3. 理财就从今天做起

俗话说，“你不理财，财不理你”，对自己的金钱有所规划，是每个人都应具备的理念。尤其是尚不知世事艰险、还未经不测风云的年轻女孩，更应该注重培养自己的理财意识，养成储蓄的习惯。或许，你习惯了父母的呵护，仰仗着爱人的照顾，从不认为攒钱是一件必须且极为重要的事。但人生一世，变幻莫测，祸福只在旦夕之间，只有拥有一定的经济保障，才能令你在危急关头镇定从容，妥善处理。

知识点链接

经济独立至少可以为女孩带来三种美妙的体会：

1. 安全感

在这个物欲横流、人心浮躁的时代，谁也不敢百分之百地保证自己的爱情、婚姻能够善始善终。无论是处于单身状态还是二人世界，经济独立都能够让女性心中有底，从容不迫。尤其对于离异的女性来说，独立的经济能力是她们获得安全感的重要来源。这种安全感不仅可以缓解心灵的伤痛，还可以令她们放慢脚步，不急不躁，选择合乎自己心意的生活方式，而不必急着去寻找下一个依靠。

2. 自信心

经济独立的女性，不仅可以通过努力达成自己的心愿，还可以利用自己的能力帮助他人。在这种种过程中，女孩自身价值的体现，能够令其感受到自己存在于这个社会的意义，从而对生活更加充满热情，自信倍增。

3. 合理的家庭地位

在这个提倡男女平等的社会，仍有不少家庭中存在着“男尊女卑”的陋习。

而这种现象产生的原因，大部分是源自男女双方依赖与被依赖的关系。这些家庭中的男性往往因为妻子无法经济独立而有恃无恐，女性则往往因难以独立生存而忍气吞声。女性拥有独立的经济能力，并非是要赚大钱做大事，并非是要与另一半一较高下或是争权夺位，首先是为了保持人格的独立与平等。当女性能够经济独立、无须再依靠另一半生存时，自然能够不卑不亢地维持自己的尊严、争取自己在家庭中的合理地位。

用自身的努力收获快乐

一个人逐渐成熟的过程，就是由依赖走向独立的过程。生活中，有些女孩如同温室中的花蕾，长期生活在父母的羽翼下，习惯于父母无微不至的照顾，由此形成依赖心理；一旦她们失去依赖的对象，就会无所适从，茫然失措。这种依赖心理如果任其发展下去，就有可能发展为依赖型人格障碍。

心理学家对于依赖型人格障碍这样定义：对亲近与归属有过分的渴求，在生活中会不断演变扭曲，这种渴求是强迫的、盲目的、非理性的，与真实的感情无关。依赖型人格源于人类发展的早期，而父母的溺爱，是孩子依赖型人格成长的土壤。

相信大家都听过这样一个故事：即将出远门的父母，为了不让儿子挨饿，出门前将一张大饼套在儿子脖子上，让他饿了就吃饼。然而，等父母归来时，儿子已经饿死了。原来，素来衣来伸手饭来张口的儿子，只知道吃面前的饼，却不知道把身后的饼转过来吃。许多人听完这个故事后，不过一笑了之，认为这种夸张的笑话除了博人一笑，没什么现实意义。然而，真实情况是，在现实生活中，类似的情况屡见不鲜。曾经有位成绩优异的学生被国外某名牌大学录取，但该生最终放弃了出国深造的机会。旁人不解，问他时，他竟回答说因为担心出国后没人给自己洗衣服。某市曾对1500名中小学生进行调查，结果显示，其中半数以上的学生几乎从不自己整理学习和生活用品，更有多达四分之三的学生表示离开父母就无法正常生活和学习；仅有不足七分之一的学生，平时偶尔做一些简单的家务。这样的数据，怎能不让人忧心！

即便面对如此多的反面教材，迄今为止，仍有许多父母坚定地认为，女孩就应该被密不透风地保护起来，女孩就应该万事顺从、依赖父母。在这种错误观念的培养下，许多女孩自小便产生了严重的依赖性和惰性，遇事缺乏主见和恒心，乃至丧失自我奋斗的意识和精神。这样的女孩，在如今这个竞争激烈的社会又如何立足呢？

因此，从现在起，女孩应该树立起“我要努力，我要靠自己”的信念，凡事即便不能做到尽善尽美，也要力争上游、拼搏到底。路漫漫其修远兮，在人生的道路上，女孩可以依赖父母、依赖朋友、依赖爱人一时，却不能依赖他们一世。生活就像一所房子，它是坚不可摧还是难经风雨，是美轮美奂还是绳窗瓮墙，一切都在于女孩自己的意愿和作为。

良好性格修炼术

社会的进步和物质的丰富，令如今的孩子发育得更快、成长得更好。然而，在那形似成人的身体中，女孩的一颗心，依旧青涩而稚嫩。很多女孩即便已经成年、步入社会，也依旧难以独立自主。这样的结果，是家庭、社会共同造成的，并非完全出自女孩本身的意愿。但即便如此，女孩也不能以此为借口，推卸自己的责任，逃避成长的义务。人生只能由我们自己用双手去经营，任何人的呵护都无法萦绕我们终身，因此，女孩必须摆脱依赖心理，用自身的努力收获快乐、打造成功。鉴于此，下面为女孩提出几点建议：

1. 深刻认识依赖心理的弊端

前面我们已经介绍过，依赖心理如果得不到及时纠正，很容易发展为依赖型人格障碍。患有依赖型人格障碍的人，完全没有自己的主见，为了得到他人的照顾、关怀，他们宁愿放弃自己的人生观、价值观、兴趣爱好等。这样的处世方式，会日益加重他们的惰性，使他们越来越脆弱，越来越缺乏自主性和创造性。然而，他们并不能从这种处世方式中获得快乐，因为他们一味委曲求全，所以只会越来越压抑，越来越痛苦；而这种压抑和痛苦，又令他们失去为自己做些什么或是拿个主意的意愿，从此进入恶性循环。因此，女孩必须摆脱依赖心理，杜绝凡事靠别人的想法，遇到问题时，要有自己的判断，更要有自己的选择，并且，要拥有为自己的决定付出努力的决心和信念。

2. 深刻认识文化知识的重要

如今，随着高等教育的普及和社会竞争的日益激烈，越来越多的大学生毕业即失业，因此有人抛出了“读书无用论”。其实，赞同这一观点的人，普遍混淆了“学历”和“学力”的概念。有人说，一纸毕业证书并不能代表什么；然而，这张证书代表了你在学生时代的学习能力，代表了你在同龄人中的某一种高度。同时，我们对女孩认真学习的要求，并不仅限于成绩，而是希望女孩在吸收文化知识的过程中，不断提升自身的综合素养，如个人气质、个人涵养、逻辑思维能力、独立思考能力以及人生观、价值观等。

对于读书的作用，作家龙应台有一番话，可谓鞭辟入里：“孩子，我要求你读书用功，不是因为我要你跟别人比成绩，而是因为，我希望你将来拥有选择的权利，选择有意义、有时间的工作，而不是被迫谋生。当你的工作在你心中有意义，你就有成就感。当你的工作给你时间，不剥夺你的生活，你就有尊严。成就感和尊严，给你快乐。”

3. 深刻认识全面发展的必要

从小，我们就被要求“德智体美劳”全面发展；步入社会后，全面发展的要求依然伴随着我们。这种“全面”，并不是要求我们在各个领域、各个专业都有所建树，而是要求我们在智力和体力得到充分、统一发展的同时，也关注自身的才能、志趣和道德品质等多方面的发展。

知识点链接

每个人在这个世上都是独立存在的，没有谁可以陪我们一辈子、让我们一辈子，所以，要想过上自己想要的生活，就必须付出应有的努力。努力和收获可能不对等，但是不努力永远不可能有收获。

不随波逐流，做有想法的姑娘

“一个人不听劝告不好，但若听任何劝告，则是一千倍的不好。”这句英国谚语，简单而又深刻地说明了这样一个道理：对于任何一个人来说，拥有自己的主见都是十分重要的。生活中，总有人说，女孩要乖巧，要驯服，要小鸟依人；然而，若是出一道选择题，更多的人会选择与有主见的女孩交往。

身为华语乐坛十分有影响力的歌手，王菲给人的最大印象，就是“她是个很有主见的女人”。这个生于北京的女子，虽然没有妖艳妩媚的容颜，却有着自己独特的个性和别样的魅力。正是这种个性与魅力，令无数两岸三地乃至整个东南亚的华人为之痴迷。

出身于文艺家庭的王菲，自小就深受母亲的影响。她不仅传承了身为文工团女高音的母亲的好嗓音，更是在耳濡目染中爱上了音乐。然而，虽然自己身为文艺工作者，但母亲坚持认为“唱歌没出息”，一门心思希望王菲用功读书。所幸，王菲从母亲那里继承的，除了过人的艺术天赋，还有那谁也劝不动的“犟脾气”。为了自己的音乐梦想，王菲马不停蹄地奔波在自己的梦想之路上。她从北京来到香港，又从香港来到台湾，直到从台湾走向亚洲，走向世界。一路之上，无论风雨多大，无论脚步多累，她始终坚持不懈，向着自己想要的人生迈进。

1987年，18岁的王菲达到香港，并于1989年经人介绍进入新艺宝唱片公司。最开始时，公司将王菲定位为“小邓丽君”，要求她处处模仿邓丽君。这个方案使公司获得了成功，王菲连出四张专辑，每张专辑的销量都相当不错。然而，自主权利的丧失令王菲十分郁闷。她的快乐与她的“成功”成反比，她越是“成功”，就越不快乐。强烈的自主意识，让她日夜渴望着做回真正的自己。在这种心态的促使下，她竟当面对老板说：“歌我选，音乐由我挑。”

对于一家公司来说，一切以盈利为目的。因此，面对此时已经炙手可热的王菲，公司自然不敢贸然反对她的意愿。而接下来的发展令公司大跌眼镜：王菲亲自拍板的充满“自我”“叛逆”因素的专辑《执迷不悔》，刚推出不到10天，销量就突破了白金数字。至此，王菲不仅成功“拿下”了香港歌迷，更是真切地体会到了成功的喜悦。

1994年，在《我愿意》一曲中，王菲以其独特的唱腔和挥洒随性的个性，顺利攻破台湾歌迷的心防。1997年，王菲签约香港科艺百代，当时，她的签约身价已高达3000万港币。1999年，《只爱陌生人》专辑推出，向人们展示了王菲平和率性的心态，更体现了她不断突破自我的信念。在这张专辑中，她一改自己往日的风格，将电子风融入音乐中，并且以吉他为主打乐器，这种改变、这种风格，受到了业界内外的一致好评。

出道至今，王菲已经陆续发行了20多张专辑，获得了数十个奖项，并且在影视歌等各方面皆有建树。她从未因过往的成绩而沾沾自喜，也不曾为外界的质疑而放弃自我。她不似一些女星艳美绝伦，却用自己的个性为自己贴上了鲜明的标签；她的人生之路比不上许多人那般顺遂，却始终将命运牢牢掌握在自己的手中。

主见，是一种独立思考的能力，是要求人们对于事物有自己的意见或见解。随波逐流的女孩，正是因为缺乏主见，因为没有自己的想法。只有拥有主见，女孩才能让自己的人格更独立，眼光更长远，才能在追求成功事业和幸福人生的道路上走得更加长远、更加从容。

良好性格修炼术

那么，女孩应该从哪些方面着手，才能培养自己坚持主见的意志，让自己成为一个有想法的人，避免随波逐流呢？

1. 建立自信

那些随波逐流、人云亦云的人往往都是不自信的人。因为不自信，所以害怕自己的观点会成为别人的笑柄。因此，他们紧紧跟随大众的脚步，而这种从众的行为能够给他们带来难得的安全感。所以，女孩想要拥有自己的想法和主见，首先要让自己成为一个自信的人。

2. 强化能力

想要建立高水准的自信，女孩需要强化自身各方面的能力，至少要令自己在某一方面有过硬的素质。拥有一技之长，女孩便有了一份底气。毫无来由的自信，就像是沙子垒起的城堡，风浪一起，便会土崩瓦解。

3. 树立目标

那些随波逐流的人，往往也是没有自身目标的人，因此，要想改变这种情况，女孩不妨为自己树立一个目标。这个目标首先应当是合理的，是有利于个人、奉献于社会的；同时，这个目标应当是女孩迫切想要达到的，这样，女孩才能在追逐目标的过程中心无旁骛，对于他人的非议也不再耿耿于怀。

知识点链接

生活中，有些人对“主见”存在一些误区，下面简单为大家分辨一二：

（1）主见是以自己的意愿掌握人生，不是必须获得巨大的成就；

（2)主见是自己决定、完成那些力所能及的事，不是万事不求人、刚愎自用；

（3）主见是在关键时刻仗义执言、提出中肯的建议，不是逞口舌之快、争辩不休；

（4）主见是面对问题能有自己的主张、面对道路能有正确的选择，不是独断专行、一意孤行；

（5）主见是在他人面前有理有据、张弛有度，不是该强势的时候“糊里糊涂”、该示弱的时候“争强好胜”。

用个性来提升你的个人魅力

时下，“个性”这个词已经成为一个流行词汇，常常被人们挂在嘴边。对于个性的追求，俨然已成为当下许多年轻人热衷的时尚。那么，个性到底是指什么呢？通常来说，个性具有两种含义。“个性”一词，最早源自拉丁语，指的是演员在舞台上佩戴的面具；后来，逐渐引申为一个人在其生命舞台中所扮演的角色。个性的第二个意思，就是我们现代人常说的“人格”，指的是一个人独特的、稳定的以及本质的心理倾向和心理特征的总和。简单来说，个性就是指一个人的整体精神面貌。

“赵姐今天穿得真是有个性，上身大红下身大绿，经理来的时候盯了她老半天。”

“真倒霉，周末刚刚下了血本换了个新发型，结果一来公司就发现和小王‘撞’了，搞得一点个性都没有！”

“你这什么脾气，一句话不入耳就翻脸。劝你别拿任性当‘个性’！”

“丽丽个性真好，整天都笑眯眯的，我就喜欢跟这种人来往。”

“怎么什么事都随大流？你就没有点自己的个性？”

“你看星星多有个性，销售部经理，那个钻石王老五，追了她半年了，也不见她点头。”

“你说什么？赵大雷那叫个性？对谁都一副爱搭不理的德行，了解的说他有个性，不了解的还以为他脑子不好使，听不懂人话呢！”

“赶紧把你的爆炸头换了吧，你不适合这种发型，不骗你。啥个性不个性的，你首先得让人看着顺眼啊！”

人际交往中，个性平淡寻常的人不容易给人留下深刻印象，而那些个性鲜明又独特的人，往往很容易被人记在心中，甚至令人过目不忘、回味无穷。社会生活的基本构成与实质就是人与人之间进行交流与交换，从而达成自己的各种目的。身为一个社会人，女孩只有主动塑造起自己鲜明的个性，给他人留下深刻的印象，才能轻松地与人沟通，并为日后的交流和交换打下良好的基础。

良好性格修炼术

通过事例中的那些话，相信女孩也有所认识：并不是所有个性都是好的，都是受人欢迎的。我们希望女孩拥有个性，不是要女孩像某些年轻人那样追捧“非主流”，也不是建议女孩恣意妄为、一味地强调自我。再独特鲜明的个性，失去了真善美，也会令人觉得索然无味，甚至避之不及。

那么，女孩可以从哪些方面着手，来塑造自己鲜明的个性呢？

1. 个性的穿戴

女孩在穿衣打扮方面，应该拥有自己的特色；但这并不表示女孩可以整天顶着彩虹色的脑袋，挂着一张“大花脸”，穿着一身的“渔网”招摇过市。无论追求什么样的个性衣着打扮，女孩都应以适时、适当为前提。只有穿戴风格适合自己，女孩才能以自身独特的个性和魅力让他人眼前一亮。比如，在阴冷的冬天，当许多人都裹着暗色的棉袄时，年轻的女孩可以根据自己的肤色等特征挑选一些明亮的颜色。又如，当众人都戴着黄金、珠宝首饰时，女孩可以挑选一些风格独特、造型别致的手工饰品。这些，都能让女孩从人群中脱颖而出。

2. 个性的言行

在人际交往中，女孩可以尽量挥洒自己开朗大方、爽直干练等引人注目的个性。需要注意的是，不管是何种个性，都要以言辞亲切、态度礼貌为前提。否则，即便你充分展示了个性并且得到了大家的承认，你也依旧难以得到大家的认可和喜爱。在各种社交场合，女孩都应尽量保持良好的精神面貌，温和的笑脸、得体的言行，是女孩彰显个性的“利器”。

3. 个性的内涵

个性不是我行我素，不是无法无天，我们彰显自己的个性，是为了让别人更容易记住我们、接纳我们，是为了让自己更好地融入社交圈。沟通是交际的桥梁，而恰如其分的话题则是良好沟通的重要保障。如果女孩想要与大多数人拥有共同话题，尽量做到面面俱到，那么，女孩就要主动拓展自己的知识面，丰富自己的内涵。唯有如此，女孩才能在有限的交流中，让他人对你产生无限的好感。

知识点链接

从不同的方面来划分，个性可以分为多种类型。

（1）从社会生活方式方面：理论型、经济型、社会型、审美型、宗教型。

（2）从个体独立性方面：独立型、顺从型、反抗型。

（3）从心理活动倾向方面：外倾型、内倾型。

（4）从心理机能方面：理智型、情感型、意志型。

人类的个性五花八门，在个性形成的过程中，对其产生影响的因素也多种多样。曾有专家作过抽样调查，研究表明，在个体的个性形成过程中，对其影响最大的时期是青年时期，对其影响最大的因素是个体的父母。此外，性别、民族、出生环境、成长环境、生活环境以及个体的亲友等，也会对个体的个性形成产生程度不一的影响。

别过分注重别人怎么看自己

身为社会中的一员，我们难免会成为别人茶余饭后的谈资，不时被人拿来品头论足一番；同时，面对别人对自己的评价，大部分人很难做到一笑置之，不予理会。尤其对于一些生性敏感的女孩而言，他人的一点闲言碎语，就有可能让她们难过至极。然而，当女孩从难言的痛苦中走出来后，不妨静下心来仔细想想，别人的看法，对于我们来说真的那么重要吗？无论他人怎么看待我们、议论我们，也只是他们一厢情愿的想法，于我们究竟有何利害呢？

美美是个年轻貌美的姑娘，在一家酒店做前台接待。因为她相貌姣好，打扮时髦，因此很受大家欢迎。她刚进入酒店工作不足一个月，就拥有了大批拥趸。每天，她工作的前台都会收到许多鲜花和礼物。

这样的情况持续了一段时间后，同在前台工作的另外两个女孩——小张和小刘开始感到好奇，便本着八卦的心开始探问。她们问美美：在这些追求你的男士中，你最中意哪位？美美老老实实地回答说“不知道”。然而，这样一句诚恳、寻常的答话，却令那两个女孩十分不满。

这天，美美歇班，小张和小刘在午休时和别的同事扯闲篇，聊着聊着就说到了美美身上。听到客房部的某个同事说羡慕美美时，小张立即摆出一副不屑的姿态："羡慕她？你可长点儿心吧！她那人，就是个假正经。"

"就是，就是，"小刘帮腔道，"你看她一天到晚打扮成那副德行，能是什么正经人！人家私底下怎么勾搭人，咱们可不知道。"

"这样啊……"从美美进入公司就开始追求她、至今连一顿饭都没有约成的周亮若有所思地点了点头，"这就难怪了，像她这种人，只跟有钱人来往，我这种打工仔她肯定瞧不上。"

"你们说的这些是真的吗？如果是真的，这个女人也太不自爱了！"

越来越多人的参与到这场空穴来风式的声讨中，大家七嘴八舌讲出的关于美美的传言也越来越离谱。最后，在他们的口中，美美俨然已成了转世的潘金莲。

世上没有不透风的墙，谣言总会传入被造谣者的耳中。第二天来上班的美美，中午便从好姐妹那里听说了所有关于自己的流言。她顿时气不打一处来，立即冲入休息室，与那些还在非议她的人大吵起来，直到午休结束，这场纷争仍在继续。闻讯而来的经理好一顿喝止，才终止了争吵。然而，事情的结果是美美万万没有料到的——那些面善舌毒的"长舌妇"，不过是挨了一顿训斥；而她身为受害者，却被酒店辞退。经理给出的理由，是她将自己的私人感情带到了工作场合，严重影响了同事之间的团结。

如果太过在意别人对我们的看法，我们不仅会在做事时变得畏首畏尾，还会令自己的心情受到恶劣的影响。试问，当我们的情绪受到如此大的困扰时，又怎能顺利展开工作呢？故事中的美美，如果她能够对流言蜚语置之不理，或是选择一种圆融的方式合理地解决问题，那么，她也不至于既受了委屈，又砸了饭碗。

"金无足赤，人无完人"。这个世上，不存在尽善尽美的人。同时，"一千个读者眼中，就有一千个哈姆雷特"。每个人看待人或事时，都习惯于从自己的角度出发，都会或多或少地带有主观意识。因此，无论我们做什么、怎么做，都不可能得到所有人的认同。既然无法避免别人的评价，那么，我们不妨豁达一些、坦然一些，对于别人的议论，无须耿耿于怀。倘若因为别人几句闲话就改变自己、否定自己，那才真是本末倒置。

良好性格修炼术

我们常说，女孩想要获得成功，就不能一意孤行，而要懂得从善如流。但女孩需要注意的是，从善如流不是对别人言听计从，不是被别人左右自己的思想，而是理智地接受别人客观中肯的意见。我们只有拥有自己的主见，才能拥有强大的内心，才能在面对他人的非议时一笑置之。

1. 女孩要明辨是非

很多时候，我们之所以会在意别人的看法和言论，被别人左右我们的思想，是因为我们自身对于许多事情没有明确的是非观念。因此，女孩若想拥有自己的主见，不被别人左右，就要学会明辨是非，对于事物拥有自己的判断。明辨是非带给女孩的不仅是自主性的进步，更能让女孩避开许多不必要的麻烦。

2. 女孩要增强自信

那些因为他人的一句无心之言或是有心之语而心生波澜、难以平复的人，往往是缺乏自信的人。因为不够自信，所以会因别人的质疑或否定而质疑自己、否定自己。自信，能够让我们的内心变得强大、变得坚韧。当我们的内心足够强大、坚韧时，面对他人的非议，我们便能无动于衷，不予理睬。同时，当女孩以自信的姿态散发出耀眼的光芒时，她在众人眼中的形象会变得更加美好，由此也能相对减少非议。

知识点链接

读完这篇文章后，女孩千万要记得标题中那个尤为重要的副词：过分。过分注重别人怎么看待自己，是一种不良心态；而完全不在意自己在别人眼中的形象，对于别人的一切评价、建议都置若罔闻，则是另一个错误的极端。只有拿捏好其中的尺度，女孩才能做最好的自己，把握自己的人生。

第06章
培养理性自制的性格：不被冲动控制，不做惹人厌的女孩

人都有七情六欲，怀揣着对世界的好奇，心存着对美好事物的欲求，不仅可以使我们内心充盈，成为一个有情趣的人，还可以督促我们不断进步，通过努力寻得更好的自己。但是，亚里士多德曾经说过：“放纵自己的欲望是最大的祸害。”适度的欲望是鼓励一个人前进的动力，过度的欲望则会成为一个人痛苦的源泉，甚至是坠入黑暗深渊的导火索。因此，对于刚步入社会的女孩来说，在面对各种诱惑、各种欲望时，需要开启理性的自制力，帮助自己辨别是非正谬。女孩只有做到不被冲动控制、不被欲望控制，才能克制自己的行为，成为一个受欢迎的人！

自控能力越强的女孩，越容易成功

所谓自控能力就是一个人控制自己思想情感和举止行为的能力，当产生与既定目标相背离的情绪、愿望、动机、行为时，能够及时抑制，避免不良后果的发生；同时，当自己的想法、行为等有利于自身发展、有利于社会发展时，也能激励自己勇敢地执行自我决定。无论是谁，都会有心情低落、心烦意乱、气欲攻心的时候，这些不良因素都是阻碍女孩们成功的绊脚石。但是为什么有的人能控制自己的情绪，让事情向着顺利的方向发展，最终走向成功；而有人却由着自己的性子来，把事情引向消极的一面呢？归根结底，是因为有的人自控能力不够，在面对坏情绪或困难的时候，不能为自己换上理智的大脑，以致斩断了自己的成功之路。

在父母、师长眼中，小敏一直是个品学兼优的孩子。19岁那年，她离开家乡，进入自己梦寐以求的大学，凭借大学四年的努力，毕业后在北京一家颇有名气的杂志社担任编辑工作。但由于是新人，加之工作繁多、压力巨大，工作不到一个月，她便产生了些许负面情绪。一些“热心”同事也不停地在她耳边吹风：“小敏啊，你就是个傻姑娘，你看看和你一个工种的人谁像你这么拼，做到100分后，还要做到110分。那些不如你努力的人，评优评奖哪次少了他们？你快变得聪明点吧！”小敏听着同事的话，心理的委屈如江海般翻滚着，当天下午，她还没有完成工作，便离开了单位。

之后，她对待这份工作散漫了许多，不仅工作量难以完成，迟到早退也成了家常便饭。每当主编和她语重心长地谈话时，她总是一副漫不经心的样子。时间久了，主编对她的工作态度和工作质量非常不满意，劝她离开杂志社，另谋生路。而与她同年进入杂志社的静静，虽然也产生过抵触工作的负面情绪，但是，她并没有放任自己的不良情绪蔓延，而是通过业余生活自我调节，使自己劳逸结合，不仅工作业绩得到主编的认可，个人生活也过得有声有色。在年底的考核中，静静在同一批进入杂志社的人里排名第一。

当我们站在名为“成功”的这座高山的山脚下时，我们是多么渴望能够站在山顶上拥抱日出。如果我们想征服这座高山，就必须征服自己的内心。在翻越这座高山时，我们可能会产生无数次倦怠的情绪，产生无数次放弃的念头，但我们应该向静静学习，控制自己的消极情绪，多想想山顶日出的美好，坚定地向成功迈进。

良好性格修炼术

自控能力并非与生俱来，这需要长期的修为与培养。特别对于那些自控能力非常薄弱的人来说，“冰冻三尺，非一日之寒”，要想融化这块坚冰，需要付出更多的努力。但只要认识到自身的不足，并愿意改变，就一定能收到意想不到的效果。以下方法供女孩们参考：

1. 积极的心理暗示

在每天早上起床后、晚上睡觉前洗漱时，女孩们一定会做一件事，那就是照照镜子。这时，你可以对着镜子里的自己说：“今天是美好的一天，我要用美好的心情、美好的想法来完善美好的自己。”或是：“今天虽然有小小的不快，但仍是美好的一天，我要变得更加积极，让明天更加美好。”

2. 适当的情绪发泄

当你的负面情绪堆积到一定程度时，为了避免失控爆发，你可以采取适当的方法发泄一下自己的情绪。比如，约上三五好友小聚，互诉一下心中的烦恼；或者做些自己感兴趣的事情，如画画、听音乐等；亦或做些运动，让汗水带走烦恼。

3.学会转移注意力

与其纠结于一件不开心的事情，不如去做一件有意义的事情。比如，在工作单位遇到不顺心的事情时，不要过于在意；回到家里，做一桌美食与家人分享，与爱人一起看部电影，都是不错的转移注意力的方法。

4.化消极情绪为动力

消极的情绪往往会使人压抑，失去希望。每当被这些负面情绪困扰时，女孩应该有种不认输、不低头的精神，你要通过你的努力、进步让这个世界看到你灿烂的笑。

知识点链接

简单为大家介绍几种提高自控能力的方法：

1.提升自身文化素养

一个人的文化素质越高，自控能力越强。这是因为文化素养的高低与一个人认识事物层面的深浅有着密切的联系，而对于事物的认识正是一个人欲望、情绪、想法、行为产生的源头。当女孩能够以一颗兼容并蓄的心认识事物时，自然能以一颗平静的心对待事物。

2.注重思想修养

一个人的自控能力与他的思想素质休戚相关。因为鸡毛蒜皮的小事致使感情冲动而造成不良后果的行为不会是一个具有崇高理想抱负的人的所为。拥有正确的人生观、世界观、价值观，才是提高自我控制能力的根本保障。

3.强化意志力量

懈怠、拖延、推诿等，不仅是自控能力缺乏的表现，也是造成自控能力薄弱的原因，如果没有坚强的意志去阻止这些负面因素进一步发展，会使自控能力薄弱这一问题变本加厉。因此，对于自己已经认准的事，你要义无反顾地做下去，想方设法地达到预期目的，这也是提升自我控制能力的一种锻炼。

凡事不耿耿于怀才能不被冲动控制

俗语道："人生不如意事十之八九。"遇到不如意之事时，你也许会生气，也许会愤怒，但是不要让这些不如意困扰你到第二天，不要对这些不如意耿耿于怀。人生的很多苦恼都源于"放不下"。纠结于一件事不放，不仅让自己心烦意乱，使得工作、生活受到影响，还会让自己的心胸变得狭窄；长此以往，会使人在紧张与不安中迷失、混沌，甚至失去理智，以致对自己、对他人做出疯狂的事情。

雨薇是一名重点大学大四的学生，不仅成绩优异，而且亭亭玉立。但是几近完美的她却有一个致命的缺点，那就是十分小肚鸡肠，别人对她有一点不满，她便会耿耿于怀、闷闷不乐。

因为成绩优异，大四上学期结束的时候，学院依据成绩，将雨薇保送了本校的研究生。雨薇看到自己的付出有了回报，心情大好，便邀请宿舍的小姐妹们出去吃大餐庆祝一下。吃饭的时候，除了方佳，舍友纷纷举杯祝贺雨薇。雨薇见方佳情绪低落，便小声询问身旁的明明，明明告诉她，其实，方佳也申请了保研，但是落选了，自然在雨薇的庆祝宴会上高兴不起来。

雨薇听后，立刻跳了起来，指着方佳道："亏我还当你是好朋友，你自己条件不够，有什么资格觉得不开心？你不就是觉得我抢了你的名额嘛！"被雨薇这样突如其来地一顿数落，方佳也把心中的不快一股脑倒了出来："我是不服气，大家成绩不分上下，我还是学生会的骨干，怎么保研这好事就落到了你的头上？别以为我们不知道你和院长的亲戚关系，谁知道你们有没有假公济私，暗箱操作啊！”说完，方佳便哭着跑了出去。

第二天雨薇来到教室，感觉大家都用异样的眼光看她，她心想一定是方佳把昨天晚上的事情告诉了班里的同学。她顿时愤恨不平，提早回到了宿舍。

“当！”随着一声响声，方佳年轻的生命戛然而止，她来不及呼救就已经倒在血泊中。一旁的雨薇还举着带血的锤子，定在原地，一脸木然。大好的前程、美好的生活也定格在这一刻，等待雨薇的是法律的严惩与两个家庭的悲痛。

我们生活在社会中，会与许多人接触，我们不能改变别人对我们的看法，唯一能做的就是成为更好的自己。对于他人对我们的评价，我们应该以积极的心态来面对。客观的评价，我们虚心接受；偏颇的评价，我们一笑了之，千万不要因为别人的一句议论、一句评价而偏离了我们内心的航向。

良好性格修炼术

这个世界五彩斑斓，生活于其中，我们会遇到形形色色的人，自然会听到许多不同的意见与观点，因此，女孩不要对他人的话耿耿于怀，将他人变为自己的撒旦。对于那些风言风语，我们大可装作听不见，把自己的每一天过得充实、精彩，远比纠结于那些无关紧要的话语更重要。那么，当我们听到一些负面评价的时候，到底该怎么做呢？

1. 以豁达的性格秒杀“耿耿于怀”

很多时候，我们不能直接忽略那些恶意的评价，最主要的原因之一是我们不够豁达，太在乎自我的得失，过于斤斤计较。如果我们能够宽容地看待别人，看待别人对我们的评价，对于别人口中的那些“问题”，我们做到有则改之、无则加勉，而不是把每一次批评、建议都当作找麻烦，那么，我们的生活就会随着我们积极向上的心态向着更加顺利的方向发展。

2. 用克制给“耿耿于怀”沉重的一击

既然“耿耿于怀”给我们的生活、工作、学习带来如此多的麻烦，那么，一定有很多人在寻找消灭“耿耿于怀”的武器。其实，这个武器就存在于你我心间，它就是“克制”。记恨、报复解决不了任何问题，它们只会让你在自我折磨中日渐消沉。当你被这些因素困扰而不得解脱时，一定要记住，自助者天助之，只有克服这些恶意因素，让自己的内心得到净化，才能使自己的行为得到升华。

3. 以自信让“耿耿于怀”无地自容

为什么你会那么在意别人对你的评价，难道你真的如他人口中说的那样，如此不堪？当你对一句话或一件事耿耿于怀时，不妨问问自己这个问题。先自知而后自信，只要我们相信自己，别人的评论就无法使我们方寸大乱。我们应学会用一个自信的微笑去面对那些风言风语，用实际的行动去击溃那些流言蜚语。如果我们内心足够强大，那么，还有什么值得我们计较呢？

知识点链接

不要用恶意的眼光去看待这个世界，不要用怀疑的心态去揣测别人的想法。当我们感觉自己被这个世界恶意看待或被别人无端揣测时，请不要在内心反复琢磨、仔细思考，更不要焦灼不安，我们不能因为这些而毁灭自己的生活。请时刻记住，生活幸福与否只有自己才能体会，生活精彩与否只有自己才能掌控，至于别人爱说什么，就让他说去吧！

不要让自己受愤怒的束缚

“愤怒”是一个魔鬼，有一副龇牙咧嘴的丑恶面孔，还有一副歹毒的蛇蝎心肠，它无时无刻不在试图侵蚀你的内心，夺走你的理智，让你做出无法挽回的事情。如果你让它住进你的内心，那么你可要小心了。

世界台球冠军路易斯·福克斯在他事业巅峰之际，抱憾自杀。很多人提起这事时，都会或惋惜或轻蔑地说：“哦，是因为那只苍蝇。”

1936年9月7日，世界台球冠军争夺赛在纽约举行，路易斯·福克斯的分数一直将对手远远甩在身后，几乎已被大家视为本次比赛的冠军。可就在比赛接近尾声之时，一只苍蝇落在主球上，扰乱了他的情绪，他烦躁地赶走了这只误闯比赛的苍蝇。可这只苍蝇并不识趣，流连忘返于准冠军的主球上。经过几番驱赶，路易斯·福克斯的心情已经糟糕至极点；而苍蝇似乎以此为乐，路易斯·福克斯一回到球台，它就飞回到主球上来。这个小插曲，引得观众捧腹不已。

此刻的路易斯·福克斯再也无法保持绅士风度，他开始愤怒地用球杆击打苍蝇，不幸的是，球杆碰到了主球，裁判判对手击球，他因此失去了一轮机会。这使得他方寸大乱，再三失利，比分渐渐被对手约翰·迪瑞赶超。最终，冠军的奖牌被约翰·迪瑞摘得。更加令人遗憾的是，第二天早上，人们从河里打捞起路易斯·福克斯冰冷的尸体。他自杀了！

有人说，导致路易斯·福克斯自杀的罪魁祸首就是那只讨厌的苍蝇。其实，真正击败这位所向披靡的世界冠军的，是“愤怒”这个魔鬼。苍蝇并不可怕，当它落在他的主球上的时候，他根本无须理会，只要一门心思击球就是了，苍蝇一定会随着主球的飞速运动而消失得踪影皆无。

人们常把愤怒比作一座火山，对于内心幼稚的人来说，这座火山异常活跃，稍有波动，便会喷发。火山喷发带来的往往是不可想象的毁灭，而情绪的火山一旦喷发，对于自己、对于别人都是一种灾难。它会令我们原本平静祥和的面目变得狰狞可憎，它会令我们不断说出伤人的言语，而那些言语会像针尖一般扎进别人的心脏。而对于心智成熟的人来说，愤怒这座火山沉沉地熟睡着，不会轻易爆发，他们自有其他途径释放内心过多的热量。

智者不去生气，他们不用别人的错误惩罚自己。愤怒百害而无一利，只会让事情变得更糟。试着用平静的内心面对波澜，试着用温暖的微笑抚慰怫郁，试着用理智的头脑对待愤怒。在你即将爆发时，默默地在心里数出“一、二、三”，并告诉自己做自己情绪的主人，不要让自己被冲动的情绪牵着鼻子走。真正的智者善于将不利的因素化为有利的因素，让自己成为生活的强者。

良好性格修炼术

人与人相处，产生分歧、发生矛盾在所难免。如果我们没有化解怨气的智慧，不仅会使愤懑的情绪伤人伤己，影响人际关系，还会威胁自身的身心健康。因而，学会情绪管理，做自己情绪的主人是一个有修为的女孩的必修课。女孩们可以采用以下的方法来化解愤怒：

1. 用意念控制愤怒

当你就要怒发冲冠的那一刻，心中默念：“没有什么是过不去的，这个人不值得我与他一般见识。”相信一定会收到意想不到的效果。

2. 学会回避矛盾

举例来说，两个同事因小事发生激烈争吵，争吵的当下，大家都在气头上。此刻，如果其中一位能够先息事宁人，暂且回避，待双方冷静后，再将问题拿出来解决，那么一定会比无休止地争吵、谩骂更能解决问题。

3. 找个恰当的人倾诉一下内心的不满

把心中的怨愤对自己的闺蜜、亲人或者爱人倾诉一番，他们的理解和关心会给你带来莫大的支持与安慰，会让你内心的小情绪瞬间化为乌有。

4. 转移注意力，对抗坏情绪

女孩在生气的时候千万别钻牛角尖，一味钻牛角尖，会让你越想越生气，越想越难过。相反，去户外呼吸一下新鲜的空气，阅读一本有趣的书籍，或是享受一场音乐会，亦或是直奔商场疯狂购物，努力转移大脑的兴奋点，你会惊奇地发现怒气已经在不知不觉中灰飞烟灭。

5. 有效的沟通比闷着强

恋爱中女孩的情绪容易受到爱人言行的影响，很多女孩对此的处理方法是“冷战”。与其憋在心中生闷气，不如理性地与爱人交流一番，把矛盾与困难告诉对方，没有哪位爱你的人会忍心看你伤心、难过。

6. 提高自身修养可以驱散愤怒

一个女孩的情绪控制能力和她的自身修养成正比。女孩们可以利用业余时间学习一下茶道、花艺、书法、绘画等，以提升自身气质、修为，使内心变得谦和有礼，从而不易动怒。

知识点链接

每个人都有过烦恼，感受过愤怒，智者和愚者的区别就在于智者能够从负面情绪中找到激励自己的正能量，趋利避害，不断提升自己；而愚者会被愤怒包围，直至迷失绝望，一蹶不振。女孩们应该努力使自己成为智者，学会从愤怒的情绪中抽离出来，冷静思考，时刻散发着动人的光芒，并感染身边的朋友。

当面对诱惑的时候说“不”

诱惑就像一朵带刺的玫瑰，娇艳欲滴的花瓣下面是尖锐锋利的刺。这朵带刺的玫瑰于我们生活中无处不在，金钱、权力、荣誉、地位等，它们华丽光鲜的外表容易俘获许多前行中的人的心。但当你无休止地渴求它们，被它们掌控的时候，你将失去自我。

《圣经》中的赞美诗始终是为能“主宰自己灵魂的人”而唱诵的，那些贪婪无度的侵略者是没有资格聆听的。经不住外界诱惑而失去自我的人，只能沉沦于欲望的旋涡中，越陷越深，直至被吸入欲望的汪洋。试问，这样的人，还有什么幸福可言呢？当诱惑就摆在眼前时，请问问自己它是魔鬼还是天使。在这个物欲横流的社会里，我们只有不忘初心，坚持自己最初的梦想，才能抵制住这些诱惑。

英国伦敦的一个芭蕾舞团的首席芭蕾舞演员在接受记者采访时，被问了这样一个问题：“您最喜欢吃的食物是什么？”

芭蕾舞演员不假思索地说：“当然是冰淇淋。”这个可爱的姑娘眼中闪烁着星星般的光芒。

记者疑惑道：“可是，您是一名芭蕾舞演员，需要保持纤瘦的体型，冰淇淋热量太高，吃多了会导致肥胖，这可能直接结束您的舞蹈生涯啊！那您是多久吃一次啊？”

舞蹈演员回答：“我上次吃它的时候还是18年前。”

许多我们热衷的事物都有其两面性，就像美味的冰淇淋，当我们享受着它醇香冰甜的口感时，也要承担起可能由它引发的肥胖等方面的健康问题。在我们通往成功的道路上，上帝安排了这样那样的诱惑，这是对一个人的考验与磨砺。我们必须像舞蹈演员那样，明白自己想要的是什么，然后坚决地抵制任何可能致使我们偏离内心航向的诱惑，这样才能扫清成功道路上的障碍。

反之，如果我们成为诱惑的奴隶，匍匐在诱惑的脚下，那么，我们的本性会因此而扭曲，我们的心灵会因此而肮脏，我们的面庞会因此而丑陋。当这样一个人出现在你的面前时，你会接纳他，会接近他吗？当然不会。因此，抵制诱惑，就从此刻做起。让我们把握人生，守住属于自己的幸福！

良好性格修炼术

那么，生活中，女孩该如何抵制诱惑呢？

1. 不要为诱惑找借口

一个人要想成大事，就要能够抵制诱惑。当发现自己为了某种欲望而逐渐沉沦时，立刻告诉自己，不要用任何借口来为自己可耻的欲望开脱，要当机立断，斩断诱惑的苗头。

2. 不要盯住诱惑不放

我们常常被诱惑那美妙的外表所蛊惑，对诱惑朝思暮想，无法忘怀。这时，你需要把自己的注意力从充满诱惑的事物上转移开来，去做一些有意义的事情来丰富、充实自己的生活。你会发现，除此之外，生活中还有无限的美好等待你去体验。

3. 预估诱惑带来的恶果

为什么有些人难以抵制诱惑？那是因为他把诱惑想得太好，认为诱惑会给他带来如他幻想般美好的结果。其实不然。诱惑往往会给人带来无法挽回的后果，更有甚者，会使人之前的努力前功尽弃。多点理智，想想诱惑带来的恶果，这样的思考会使你的意志更加坚强。

知识点链接

我们生活在这个世界上，得失参半，谁也无法保证能够得到所有自己想要的东西，我们所能做的就是根据内心指引的方向，学会取舍，不被欲望控制，坚决抵制诱惑。

卸下心灵的包袱

生活中，我们经常听到一些人总是不绝于口地抱怨："整天不是围着工作，就是围着家务，人家王太太整天闲得发慌，我却忙得像个陀螺，还不知自己到底忙出些什么成就！""不拼命怎么办！房子车子孩子，衣服化妆品首饰，哪样不要钱？""我哪方面都不比她差，凭什么吃穿用住都不如她？我就是咽不下这口气，拼了命也要跟她比一比！"

很多时候，我们觉得辛苦，觉得压力大，往往不是因为生活太过苛待我们，而是因为我们太过苛求生活。当大家都在忙碌一样的工作时，为什么只有你在抱怨别人比你清闲？当大家都面对着房贷车贷时，为什么只有你倍感头疼？当大家都能在粗茶淡饭中享受着生活的乐趣时，为什么只有你在攀比中身心俱疲？我们的压力，往往来自自己心中的包袱。只要懂得做好自己、放松心灵，女孩，你可以比任何人都潇洒。

出身于农民家庭的杜唯，从小便决心想尽一切办法改变自己的命运，彻底告别面朝黄土背朝天的农耕生活。怀揣着这样的理想，18岁那年，她挥别故土，孤身来到一座大城市，开始了自己的打拼。然而，理想是丰满的，现实是骨感的。没有学历，没有工作经验，没有背景……种种条件的匮乏，令她一次次的应聘之举都成徒劳。眼见从家中带来的钱就要用完，躺在狭小阴暗的地下室中破旧的床上、一顿只舍得吃半个馒头的杜唯下定决心，不过上梦想中的好日子，她永不死心。

后来，她终于在一家酒店找到了一份前台接待的工作。工作没多久，她便和酒店保安小柯坠入爱河。两人都是来自农村的孩子，都有着在大城市生根发芽的梦想，因此有许多共同语言，感情相当融洽。生性乐观的小柯原以为，等再过两年，两人的经济条件好一些，就可以让远在家乡的父母喝上儿媳敬的茶。

然而，在他和杜唯相爱一年后，他渐渐发现杜唯有了一些改变。原来，杜唯看着前台同事芊芊的幸福模样，心里生出了极大的落差。芊芊相貌不如她、身材不如她，就连皮肤也不如她；然而，就是这样一个处处不如自己的人，却找到了一个富二代男友。每天上下班豪车接送不说，日常的奢华礼物更是经常堆满前台……一想到自己和小柯连一台 N 手的洗衣机都舍不得买，逢年过节也只是去大排档“奢侈”一下，杜唯心中的不平更加难以抹去。就这样，又拖了半年后，杜唯向小柯提出分手，并利用工作之便，结识了一位富商，做了他的情人。

辞职后，杜唯住进了富商为她买的别墅。每天待在家里闲散度日，实在无聊时便去商场里疯狂购物。然而，终于盼来的锦衣玉食的生活，并没有带给她想象中的欢乐。她不过是富商豢养的一只金丝雀，且见不得光。她不爱富商，却又因为太过孤独，而期待富商每周一次的驾临。她成为自己素来不齿的人，却又因为贪恋富足的生活而沉醉在金碧辉煌的鸟笼中。如今的她，得到了当初想要的一切，却再也找不回贫穷时那份简单的快乐。

人往往因为不知道自己真正想要什么，而在物质世界里迷失自己。当物质上获得极大满足后，回过头来才发现，这些非但不能带给自己快乐，反而成了沉重的包袱。

我们没有必要去羡慕别人，每个人只须明确自己想要什么，然后做好自己就足矣，因为每个人的人生轨迹各不相同。总是羡慕别人，就会增加自己的负担；渴望得到不属于自己的东西，就会冲淡乃至耗尽自身拥有的幸福感。放下包袱，轻装简从，生活才会更幸福快乐。

良好性格修炼术

失望，源自希望；过多的、毫无必要的失望，则源自我们不懂得控制的欲望。欲望可以化为我们进取的动力，刺激着我们不断前行；也可能膨胀成我们心灵的包袱，让我们在一次次的求之而不得中疲惫不堪。因此，女孩想要放松心灵，轻装上阵，首先要学会将欲望控制在合理的范围内。

1. 不把得失看得那么重

只有看淡得与失，你才能体会到真正的快乐与幸福。许多你特别渴望得到的东西，当你得到后，你会发现没有原来那么喜欢了。所以，好多你渴望的东西对你来说并非必需的，正如俗语所说，得之我幸，失之我命。

2. 淡化对物质的渴望

物质生活固然能提高我们的生活质量，但精神生活的满足才能真正地提升生命质量。如果我们减少对物质的渴望，多花时间去追求精神生活，那么我们的生活会既轻松又更有意义。

3. 自己的标准要降低

自己的标准包括衣食住行等。衣食住行在我们生活中不可缺少，但没必要为难自己去追求过分精致的生活。

知识点链接

人活一世，有得到就必然会有失去，与其一直为了那些得不到的东西较真，一直在“我失去了……”的痛苦里循环，还不如学会放下，珍惜已经拥有的。很多人就是因为两眼盯住的永远是得不到的东西，才会一辈子闷闷不乐。

第07章
打造乐于社交的性格：方圆有度，做受人欢迎的万人迷

我们通常把人际关系定义为：人与人在生产或生活等过程中建立的某种社会关系或者心理上的关系。作为社会的一分子，我们每个人每天的主要任务就是跟形形色色的人打交道。无论是与生俱来的亲情还是后天形成的爱情、友情，无论是为工作、学习还是为某些利益，我们都需要用适宜的态度去呵护、维系各种各样的关系。良好的人际关系是通往成功的钥匙，也是一生取之不尽、用之不竭的财富。对于年轻人来说，他们往往更渴望也更需要建立广泛的人脉关系。为什么有人在处理人际关系时能左右逢源、如鱼得水，有人却顾此失彼、举步为艰呢？在这一章中，我们就来讨论一下女孩要怎样才能打造出乐于社交的性格，成为受人欢迎的万人迷。

尊重别人，是社交的首要条件

在一部分人的概念里，尊重和礼貌之间的界限有些模糊。有人觉得早上遇到打个招呼、分别之前说句再见就是尊重，其实这只是最基本的礼貌，或者说这只是尊重的一个方面。在不同环境下、不同场合中，尽量站在对方的角度考虑其心理、性格、观点、需求等，并以此作为自己与之相处时言行的重要参考和标准，在不违背原则、力所能及的情况，尽量满足对方需求，才称得上是一种尊重。

《礼记·檀弓下》记载过一个故事：周朝时期，有一年，齐国闹了非常严重的饥荒，因为没有食物，很多人饿死在路边。有位叫黔敖的有钱人就在路边摆了个粥棚，等着饥民来吃。一天，有个饥民用袖子蒙着脸来到摊前，黔敖很随意地喊了句“嗟，来食”，翻译成我们现在的白话就是“喂，来吃”。不料这个饥民非但没有拿东西吃，反而愤怒地瞪着黔敖，对他说，我就是因为不吃这种嗟来之食，才会饿成今天这个样子——“予唯不食嗟来之食，乃至于斯也。”黔敖赶紧为自己的轻慢赔礼道歉，并请他吃东西；但是这个饥民依然不肯吃，最后饿死了。这就是成语“嗟来之食”的出处。

在一些人看来，这位宁死不吃东西的饥民实在很傻；然而，对于这个饥民来说，即便他就快饿死，他最看重的也不是一碗续命的热粥，而是基本的尊重。这个有骨气的饥民，以他日渐羸弱的身体，在流亡的每一时、每一处撑持着自己为人的尊严。在他看来，“饿死事小，失节事大”，所以他宁肯饿着肚子，也不肯接受这种令自己“形同猪狗”的善心。在遭受着饥饿的折磨，甚至面临着死亡的威胁时仍能守住气节，这个饥民实属难得。反观黔敖，在这种情形下，他肯搭设粥棚救济灾民，本是值得人们歌颂的善举；然而，他的言行，显示出他作为施舍者高高在上的心态。正是由于这种心态作祟，使他在潜意识中对前来讨食的饥民失去了最起码的人格上的尊重。虽然后来黔敖及时道歉，改正了错误，但对方已经被刺伤的自尊无法修补，以致他好心办了坏事。

可见，“尊重”绝非只须在人与人地位平等时体现，还应不因物质环境的好坏而转移。有的时候，自己地位越高、对方身份越卑微，反而越应该格外注意，因为大多数人在卑微时自尊心尤为脆弱，很容易被刺伤。

良好性格修炼术

尊重别人是人际交往中的一项基本礼仪，也是良好心态和人格魅力的展现。那么怎样才算是尊重别人呢？

1. 平等待人

待人处事要不卑不亢，位高权重、财大气粗时不要俯视别人，不要以高高在上的姿态对待别人；位卑力弱、贫困潦倒时也不要一味巴结、攀附，失去自己的底线和操守。无论哪种情况，我们在与人交往时，首先要记得对方也是人，是跟自己一样的人。不以物喜，不以己悲，不要随自己或者对方的物质、权力等外部条件的变化而变化。

2. 尊重别人的观点

每个人对待事物都有各自不同的看法，有各自的人生观、世界观，他人的观点和想法，很多时候会与我们不同，甚至与我们完全相反。不要一味觉得跟自己一致的就是对，反之就是错，这本身就是一种误区；更不要轻易以自己的主观认知去否定别人。我们应该耐心地倾听，仔细思考对方说的哪些有道理，哪些有问题。当你礼貌地提出那些不同点时，双方通常是可以进行理智而友好的讨论的。如果对方不想讨论或者不愿意改变自己的观点，也不要去强迫，要明白每个人都有保留自己看法的权利；而这，也是一种尊重。

3. 尊重别人的隐私

无论彼此是关系多好的朋友，也不要随意打听别人的私事，如家庭关系怎样、父母感情如何、什么时候交男朋友之类，这些都属于私人生活范畴。很多时候我们都不愿意承认一个事实：打听与自己生活毫不相干的人的隐私，不过是为了满足自己窥探别人生活的“八卦之心”。而另一个大部分人尚未意识到的事实是：别人没有义务满足你。

面对一些粉丝穷追不舍的“逼问”“诱供”，某知名微博博主一改素日温婉柔和的口吻，说了这样一句话：“关于我自己的事，我不说就不要问，问了我也不说，说了也是假的。”可见，没有几个人愿意将自己的隐私告诉外人——至少，谁都不会将自己的隐私和盘托出。隐私，是每个人的基本权利，别人想跟你倾诉时，你可以洗耳恭听；别人不愿透露时，你就不要追问或者从其他人那里打探，这既是尊重别人，也是尊重自己。如果你追着别人的隐私不肯罢休，只会令人徒增反感，影响人际关系。

知识点链接

尊重是一种礼貌，又不仅仅是礼貌。它包含的是对别人的生活、观念、性格、隐私、权利等方方面面的理解，折射出来的是自己的修养。

平和心态，不要让自己“左摇右摆”

心态即人的心理状态。与相对稳固的个性心理特征不同的是，心态既具有一定的稳定性，同时也可能不断变化，因此又具有暂时性。美国著名社会心理学家、第三代心理学开创者马斯洛说：“心态若改变，态度跟着改变；态度改变，习惯跟着改变；习惯改变，性格跟着改变；性格改变，人生就跟着改变。”因此，我们也可以说，女孩想要建立良好的人际关系，宠辱不惊、不卑不亢的平和心态是最重要的。

许昕和小芳是北京某大学的室友。许昕来自南方某三线城市的小康家庭，父母经营着一个不大不小的餐馆。而小芳则来自北方的农村，家里承包着上百亩的田地。虽然，就生活水平而言，小芳的成长条件并不比许昕乃至大部分城市人差，但相对闭塞的环境和传统还是令两人在几年的共同生活中时不时地产生一些生活习惯和观念上的碰撞与摩擦。许昕经常会摆出一副好像领导下乡视察的姿态来指挥小芳干这干那，打扫卫生、打水、帮忙打饭之类；小芳为人朴实，对这些倒也不以为意。她难以接受的是许昕经常当着她的面大说特说农村人没见识之类的话，尤其是在两人观念不同时。虽然嘴上不说，但是她心里并不喜欢这个同学。所以，整个大学期间，两人的关系都只是不冷不淡的室友，谈不上很密切。

由于两人在校期间的成绩和各方面表现还不错，毕业时，一位导师邀请她们免实习直接进入自己妻子开办的一家规模不小的公司。刚好两人也都想留在首都发展，对于她们来说，不用经历残酷的实习期就能拥有一份稳定的工作，简直是求之不得的美事。就这样，两人从不怎么对付的室友变成了同事。许昕依然不改在学校的秉性，加上比较争强好胜、太想出头，因此经常在工作中对小芳呼来喝去、挑三拣四，俨然把自己当成她的上司。小芳好像也没什么改变，依然像在宿舍那样听许昕的碎碎念。一次，由于许昕自己不小心，误将刚做好的文案当成过期材料交给小芳去粉碎；待许昕回过神后，竟理直气壮地冲着小芳大发脾气。同事们私下都替小芳抱不平，小芳却反过来安慰大家说她们是老同学，许昕只是脾气急一点，人不坏。同事们都说小芳人太厚道了。在这期间，小芳把自己被指使干杂活的经历当成工作积累，不断发现公司一些需要改进的弊端，如应专门配备一名内勤担任过期文件的回收、办公室人员应该在过期文件上签字以便划分责任、按时给加班人员配送餐点等。这些简单实用的建议赢得了老板和同事们的好评。由于优异的工作表现和乐于团结同事的大局观，一年后，小芳被提拔为部门主管，也算是众望所归——当然，许昕并非那“众中之人”。

小芳原本以为，以许昕的性格，她可能会在工作中消极怠工或者故意制造什么麻烦给自己来个下马威；但让她没想到的是，许昕此时一反常态，人前人后对小芳大加赞赏，空闲时常常找她聊天，提一提上学时的那些美好时光，还经常邀请她一起吃饭，“共叙革命友谊”。开始小芳觉得许昕可能憋着什么坏心眼，时间久了她才明白过来，这才是许昕真正的性格。当初看不起出身农村的自己是真的，如今自己变成她的上司，她立刻改头换面拍自己的马屁也是真的。小芳觉得很好笑，又有点苦涩。一个月后公司精简人员，让各部门主管提议裁员名单，小芳在裁员名单上写下的最后一个名字，正是许昕。理由是过分迎合主管、不注意团结同事，行为方式与公司发展理念不符。

许昕这种待人态度在现实生活中并不少见，大家通常称为“势利眼”。觉得对方比不上自己时就白眼一翻甚至随意指摘；而一旦用得上对方就立刻换上另一副面孔——生活中，这样的人随处可见。他们以势取人，不仅因为他们太过功利，更因为他们不懂人心。他们自己不以“心”待人，所以就认为别人也只会在意自己在当下展现出来的那副嘴脸。殊不知，在他们转换面孔的过程中，别人心中那颗鄙视的种子已被他们“左摇右摆”而累出的汗水催出新芽来。

良好性格修炼术

想要让自己平和冲淡，拥有良好的心态，首先要从改变自己做起。这是很多人的共识，但真正实践中能做到的人并不多。人们常说“江山易改，本性难移”，主要是因为我们已经在日常生活中养成了固定的思维习惯，改变需要有一个持久的自我约束的过程，绝非一朝一夕能够做到的。下面我们就来分析一下改变自己的心态都有哪些好的方式方法。

1. 端正三观

乍一看这好像属于道德范畴的东西，跟心态不怎么沾边。但实际上，这正是修炼良好心态必备的基础。只有明辨是非，知道什么样的做法道德、什么样的行为不道德，才能认识到自己思想和行为上的一些误区，从而心甘情愿地去改善。

2. 改变思维方式

不同的心态，源自我们不同的思维方式，而思维方式往往又是出于习惯。比如，一个人看到路边衣衫褴褛的乞丐会产生怜悯之情，这种怜悯之情让他觉得自己是个好心人，他的潜意识里就会产生一种做好人的成就感，这种思维方式自然容易养成慈悲的心肠；而另一个人看到同样的情景，可能会对乞丐的狼狈样子加以嘲笑，并在这种嘲笑中释放情绪、找到自己所谓的快乐。无论我们选择哪一种思维方式，都是因为这种方式让自己的内心感到愉悦，而由于这种愉悦，潜意识会自动支配着我们不断重复这种思维方式，进而形成习惯，久而久之，也就形成了条件反射般的习惯性思维。找到了这个根源，再加上树立正确的三观，改变起来就容易多了。

3. 多接触正能量的人

正能量是一种积极、昂扬、乐观的生活态度，全身充满正能量的人对待别人时往往能做到有礼有节。多与这种人交往既能使自己身心愉悦，也能在相处中学习待人接物的方式方法，俗话说，“近朱者赤，近墨者黑”，讲的正是这个道理。

知识点链接

要想拥有良好的人际关系，调整心态很重要。虽然让我们改变固有的习惯确实有点困难，但换个角度看，这也是一种很好的磨炼。从心里面愿意接受别人、与别人和睦相处，对自己和别人来说都是一种享受。试想，你是愿意跟一位心态平和、宠辱不惊的人接触，还是愿意跟一个两面三刀的人打交道呢？

自信一点，何必那么害羞

很多女孩并不缺乏尊重别人的素养和善解人意的心灵，但她们通常只有在面对特别熟悉的人时才会展现出这些品质。在陌生人面前，她们往往因为害羞而言语无措，或是干脆用沉默寡言来掩饰自己的羞涩和紧张，以致在社交生活中成为被忽视的群体。据一项科学研究结果表明，大约百分之四十的人都会有这种害羞心理，其主要原因是不够自信或者过于敏感——有的人甚至敏感到十分在意别人每一个细微的眼神变化。所以，对于想要踏入社交圈而自身又过于羞怯的女孩来说，克服害羞心理乃是当务之急。

世界公认的第一美女奥黛丽·赫本其实是个很不喜欢与外界打交道的人，她曾说过，“我喜欢独处，喜欢和我的狗一起散步，一起欣赏树木、花朵、天空……如果给我机会让我从周六晚上独自一人待到周一早晨，我会很开心。”就是这样一个并不渴望与外界打交道的人，在机缘巧合下进入了影视圈，并且由于《罗马假日》而受到万人瞩目，成为蜚声世界的电影明星。

然而我们不难发现，无论是电影里的她还是公众视线前的她，都表现得那么优雅从容，完全不像一个内向的人，更没有害羞的感觉。这是为什么呢？因为内向并不等于害羞，害羞往往是缺乏自信造成的，赫本能克服这种内向性格，正是源于她对自己的信心。对于自己的美貌和优雅的谈吐，她有着充分的自信，而这种自信令她的气质更增添了几分迷人的色彩。

诚然，不是每个女孩都能拥有赫本那样的美貌，但女孩们也不需要妄自菲薄，因为每个人都有自己的优点，如善良、博学、聪颖、勤奋等。女孩要善于发现自己的长处，并且在与人打交道时不断地鼓励自己，以提高自信、消除紧张感。如此坚持一段时间后，女孩就会发现与人打交道并不难。

小薇从小性格内向，不善与人打交道，但是她学习勤奋、头脑聪明，去年更是以优异的成绩考上南方一所“211”名校，身边的同龄人都很羡慕她。但初入学校的她并不是很开心，因为，当来自天南地北的室友凑到一起谈天说地的时候，她往往只是静静地听着，在一堆叽叽喳喳的女生中显得有点另类。其实她很渴望融入这个氛围中，讲讲自己的所见所闻，只是每次话到嘴边都不好意思开口，生怕哪句说错了被同学笑话。

更让她头疼的是大学里即将面临各种活动、演讲，每每想到这些，她便格外焦虑。室友许宁看出了小薇的心事，便经常找她聊天，出去玩时也常常拉上她。不仅如此，她还拉着小薇一起报了好几个兴趣社团。

第一次参加志愿者社团活动时，许宁身体不舒服没有来。独自面对着一群不熟悉的学长，小薇不知道怎样跟他们作自我介绍才不至于失态，也不知道怎样打招呼才不会让人反感。因此，她只好硬着头皮坐在一个角落假装玩手机，心中渴盼着许宁这个时候能出现，或是有哪位学长主动过来跟她聊一聊。对她而言，独坐的这一个小时，简直比一整天还难熬。

另一个社团——围棋社团的活动是她比较喜欢参加的，因为在这里大家都是以棋会友，不用说太多话。而社员们也很快发现小薇的围棋水平相当高，因此经常夸奖她，这让小薇很开心。同时，有几个社员经常和她讨论各种技巧、切磋棋艺，每当此时，小薇都很有耐心地与他们谈论、帮他们解答。不知不觉中，一个学期过去了，小薇发现自己不仅棋艺有了很大进步，参加志愿者社团时也不再害怕跟陌生人说话了，她甚至可以在演讲台上镇定地面对着众人聚焦的目光、从容不迫地发表演讲了。此时的她，自然已经融入了寝室的“八卦军团”，还在各种活动中结识了很多其他院系的朋友。看着自己这种近乎脱胎换骨的变化，小薇发自内心地感谢许宁。

通过小薇的故事我们不难看出，从前的她之所以那么害羞，一方面是她内向的性格导致的，而更重要的一方面则是她总是担心自己的言论会令别人对她产生不好的印象。一个人一旦有了这种想法，就很容易陷入一个怪圈：越是这么想，便越会在与人打交道时变得恐惧、犹豫，不断放大自己一些小小的失误，使自己的信心受到打击，由此便会在人前显得更加局促、害羞。小薇能够在围棋社团里找回自我、如鱼得水，正是因为她对于自己的长项很有信心。因此，我们向女孩提出建议：多多参与各种有益身心的集体活动，这对于女孩来说很有必要。除了能够强制性地锻炼自己以外，女孩还可以在活动的过程中逐渐发现自己的长项，并借此获得更多的认可。

良好性格修炼术

害羞是社交的天敌。很多人害羞往往是因为过度在意别人的看法，他们会在心中主观地把人分为对自己有好感和没好感的。事实上，除了个别能与他们一见如故的人之外，大部分人都只能被排在“没好感”之列。在他们看来，那些对自己没好感的人有时会故意设置交流障碍，让他们不好开口、不敢开口。对方的一个眼神、一句玩笑，都能让他们产生挫败感，继而愈发排斥正常的交流。那么，害羞的女孩该如何摆脱、避免这种状态呢？

1. 端正心态

要端正心态，女孩首先要纠正错误的认知，不要想当然地认为别人对自己的态度不温不火就是不喜欢自己。人与人之间，从陌生到熟悉总需要一个过程，在这个过程中，对方和你是一样的，也在试着适应这个陌生的你。

2. 别太在意别人的看法

这并不是说女孩可以为所欲为、做些不好的事，而是建议女孩在正常的交流中不必过分解读别人一个小小的玩笑或者某一句不太顺耳的话，认为这是看不起自己的表现。记住，你没有杀人放火、没有作奸犯科，别人没有轻视你的理由。

3. 多参加集体活动

要多参加集体活动，尤其是兴趣班、社团、义工之类的。共同的爱好和追求能为彼此陌生的人增加沟通的机会和交流的趣味性。

4. 正视失败

即使是再著名的社交家，也不是每次与人交流都能建立友谊或者得到想要的结果的，更何况我们普通人呢？若交流不太顺利，女孩只须记住，不过是一次沟通失败而已，这并没有什么大不了。

知识点链接

某些时候，人与人之间的关系也得益于一种缘分。交流，只是你认识新朋友，或者为了某个目的而采取的一种手段而已。一次交流的成败和你下一次与人沟通说话的结果没有必然的联系。

多看人优点，少讲人是非

宋代著名文学家林逋的《省心录》是一本实用性极强的“鸡汤文学”著作。他在里面写过一段著名的“三不”，即“耳不闻人之非，目不视人之短，口不言人之过”。此“三不”可谓社交场合的不二法门，用现在的话说，能做到这三点的人，就是高情商的人。

地球上有多少人，就有多少种性格，这个世上没有两个完全相同的人，同样也没有完美无瑕的人。在社交中，认可别人的优点、少谈别人的缺点是一种修养，也是女孩高情商的体现。

几年前，一位青年作家的诗获得国内某个备受瞩目的文学奖后，引发了极大争议，无论普通读者还是部分专家学者，纷纷表示无法接受青年作家那白话一般的“诗体”能获得这么高规格的文学奖项。

于是有记者就这个事件电话采访了一位著名的80后女作家。女作家在电话中表示没有读过获奖者的诗作，因此不方便发表意见。没想到这位记者锲而不舍，当场为女作家读了一首，并继续追问她看法。女作家的回答是，“仅凭一首诗，我不知道该怎么看”。可以想象，这位没能完成采访任务的记者，一定颇为失望。

后来，又有记者陆续采访了几位关注此事的文学爱好者，请他们对获奖者的诗作出评价。几位受访者中，有人直言不讳地说“反正我觉得不好”，有人表示“只能说以我个人的文学水平着实无法理解他的获奖原因”，有人则委婉地说“虽然我看不懂，但评审一定有他们自己的考量吧”。相对于第一种回答，后两种回答婉转了许多，但比起那位女作家的话，还是稍显逊色。作为专业的文字工作者，女作家的回答相当聪明。俗话说“来说是非者，定是是非人”（对记者而言，这只是职业性使然），她显然知道记者的用意，但是她没有直接回绝记者的采访，而是一直以不了解、不发表言论的角度作出回答，既没有让记者全无话题可写，又没有落下随意评判是非的口实，可谓情商极高。

诚然，一个人懂得在适当的时候噤声，是一种高情商；但如果凡事都用各种技巧回避、句句隐晦、字字斟酌，则会让人觉得此人过于圆滑、不够真诚。因此，只有在恰当的时候说出恰当的话，善于洞悉不同人的种种心理，才称得上真正的高情商。

在与人交往的过程中，对不同身份、不同性格的人说不同的话，确实是一门技巧。我们提倡女孩要多看人优点，少讲人是非，这绝不是说女孩要一味地谄媚讨好或者虚伪逢迎，要想获得真正的友谊或者赢得合作伙伴的信任，靠的还是真诚。我们面对的大部分人都不是傻子，对方自然判断得出你言辞的真伪。所以，女孩只有真正看到并认可对方的优点，由衷地赞美、真诚地评价，才能赢得别人的尊重和信任。

良好性格修炼术

那么，女孩在与人交往的过程中，该怎样落实“多看人优点，少讲人是非”这一条呢？

1. 不要公开取笑别人

在各种场合下，谁都难免遇到种种尴尬，如晚宴上有人西装和领带颜色不搭配、公车上有人不小心踩掉了某位女士的裙子、饭局中有人喝到呕吐失态、工作中有人拿错了文件，或者某人身上存在某种生理缺陷，如口吃等。对于种种尴尬的局面，有的人会帮忙化解尴尬、解决问题，有的人则假装什么都没发生、自己什么都没看到。这两种做法都比较明智，不但没有使别人的处境更难堪，同时也体现了自己的良好修养。

2. 少谈他人是非

同样是上述情况，另一些人则会当场取笑出丑的人，甚至把这些事四处散播。爱八卦固然是人类的天性之一，但是谁都不应该把别人的难堪之事尤其是缺陷之处当成笑话来看、来讲。当一个人把这些事当作笑话讲给他人听时，听他讲笑话的人，即便表面上与他一同嘻嘻哈哈，或是不动声色，心中也会认为这种做法很没有教养；同时，对方也会暗自担心——如果哪一天自己遇到尴尬之事或难堪之境，他是否也会像此刻这样满脸喜色地与别的人“分享”那些丑事或糗闻呢？所以，这种人其实是相当不受人欢迎的，至少别人都会提防着他。古人说“静坐常思自己过，闲谈莫论人非”，当你散播别人笑话的时候，须知别人可能同样记得你的糗事。

3. 与人真诚相交

无论是为企业寻求合作还是为自己打通人脉，千万不要幼稚地认为没完没了地夸赞就能赢得友谊或者对方的信任，过度的赞美反而会令人觉得你很虚伪，甚至厌恶你。我们应该在真诚交流之余发现对方的兴趣、优点等所在，并且找到双方的契合点。真诚友善、轻松惬意的沟通才能给人留下美好的印象。

知识点链接

无论何时何地，礼貌和真诚永远是拉近人与人之间距离的最好方式。随意取笑别人、在背后说人是非并不能为自己找到任何成就感，反而会令新结识的朋友产生防备心理和厌恶感。女孩要记住，你如何对别人，别人便如何对你。

精心营造自己的社交圈

随着年龄的不断增长和生活节奏的加快，很多人在社交方面出现了新的苦恼。明明朋友很多，微信上客套、见了面寒暄，但似乎很多都是泛泛之交或者利益之交。当年的铁哥们、好闺蜜已经很久没有畅聊，不知道他们到底过得怎样，不知道能找谁倾诉烦恼。大家似乎每天都在忙碌，谁都无暇抽空陪自己聊一聊共同感兴趣的事，甚至想出去度个假也不知道能找谁一起。我们的人脉看似越来越广，然而，我们的生活圈子反而越来越小。

人在社会中往往要扮演很多角色，在家是儿女、是父母，在职场是客户、是员工或领导……不同的角色需要接触不同的人群，用不同的方式跟对方打交道，因此自然就形成了多个不同的社交圈子，人们彼此之间在各自的圈子里互相依存。圈与圈之间既有着某种必然的联系，又往往互不相扰，所以，我们不妨把这些社交圈想象成一个大的生态圈。既然是生态圈，那么如何维系“生态平衡”就显得尤为重要了。

1. 密不可分家庭圈

由于与生俱来的血脉联系和后天的夫妻亲密结合，很多人并不认为家庭成员间的关系也是一种社交。工作一整天累得臭死，在家里可以以最放松、最真实的面目出现，慵懒、撒娇、任性、发脾气，或者为一点点小事跟家人生气拌嘴——这些看起来都是再平常不过的生活。可是时间久了我们就会发现，跟父母拌嘴次数多了，好像就不怎么愿意回去看望他们了，连打个电话问候一声也像是完成任务般地敷衍；跟伴侣生气频繁了，好像渐渐生出一种难以言状的疏离感，越来越不想主动找对方说话。家庭生活就这样渐渐失去往日的温馨，变得冰冷。

俗话说家和万事兴，正是因为家里都是跟自己最亲近的人，所以，家庭关系不和睦会严重地影响心情，牵扯精力。因此，家庭成员之间的关系也同样需要维系，而且这种维系并不麻烦。回来早了就研究道新菜，等着爱人回来后惊喜地夸赞你；时不时地准备一些小礼物，或是说些甜言蜜语，让对方更加深爱你；周末去父母家陪他们说说话、给他们做顿饭，或是和父母、爱人一起去郊游，在怡人的景色中顺便聊一聊这阵子看到的新鲜事，听父母讲讲年轻时的故事和自己小时候的糗事……这并不需要我们付出多少时间和精力，却能带给我们意料之外的效果。

2. 游刃有余职场圈

这是一个在当代人生活中占了很大比重的圈子，为养家糊口、为多一点薪资报酬、为梦想，无数人在这个圈子里辗转沉浮、奋斗不息。也正因为如此，这个圈子充斥着明争暗斗、利益互换，一些人为达目的不择手段——凡此种种，让这个圈子看起来不易经营。

其实很多人都有一个思想误区，即认为竞争就是要钩心斗角，就是要你死我活，你狠，我就比你更狠。但是你有没有认真想过，你的上司、同事、客户需要的到底是什么呢?

柳莹在一家数控机床企业做办公室文员，一次上司让她一周内整理汇总出本省五年来同行业的生产、销售的数据记录。柳莹在整理过程中发现，单纯的数据汇总没有太强的直观性可言，于是她利用剩余时间查阅了国内以及部分国际知名品牌的更多同行业的相关资料，并对各时期的新产品研发、创意等数据进行了详细的比较和分析，还在整理好的数据后面附上了分析报告。这令老板非常满意，从此将她作为后备管理人员重点培养。

在大部分上司眼中，一个能领会工作意图、出色完成工作任务的员工要比在办公室里八面玲珑、侃侃而谈的员工聪明、重要得多。客户也大体如此。而同事之间，需要的不是指手画脚，而是密切协作，共同承担责任、完成任务。

总之，在职场上，你首先需要是一个尽职尽责的人。在这个基础上，如果再有优雅的举止、得体的仪表、落落大方的谈吐和对人尊重的素养等方面的加持，那么恭喜你，你已经具备了成为职场达人的必备条件。

3. 志趣相投朋友圈

俗话说“物以类聚，人以群分”，真正的朋友往往有着共同的兴趣爱好，一盏清茶、半壶老酒便可以谈天论地、滔滔不绝；或有相似的三观，彼此很容易成为知己，交谈时短短数语便能理解对方的想法。朋友之间，至少要有一方能做到善于倾听，在对方倾诉时，能恰到好处地给予安慰和点拨，并且绝不会把对方的秘密当成八卦散播出去。真正的朋友，往往亲如手足、心有灵犀。而友谊的建立和维护，则需要我们付出真诚与热情。朋友圈是一个除了家人之外最让人舒心的圈子，即便偶尔有些小摩擦，也会因为没有利益上的冲突而更易化解。

良好性格修炼术

亲情、友情、职业、生存，人与人之间因为各种不同的关系产生交集，每个人都要与不同的性格的人打交道，于是便有了各种人脉、形成了不同的小圈子。如何经营好这些圈子，使它们成为一个多元化的大生态圈，是一门学问。

那么，到底要如何经营我们的社交圈呢？

1. 家庭关系是重中之重

家庭是生活的核心也是奋斗的动力，无论经济上还是精神上，对家庭成员给予最大程度上的付出是天经地义的。很多人把最大的耐心给了陌生人，把最坏的脾气留给了家人，这样不仅会造成亲情关系上的疏离，也会令外人生出疑虑：一个连家人都不重视的人，怎么会真正重视其他人呢？

2. 对人要分三六九等

这种划分并不是以地位和金钱为标准，而是要分清家庭关系、知心朋友关系、一般朋友关系和职场关系。除了最重要的家人，在某种程度上，我们和知心朋友也会像亲人一样相处；但我们需要记住的是，两者之间只能是约等号，而不能全然画上等号。我们平时可以和朋友一起谈天说地、可以互相倾诉心中不快、可以互相扶持互相帮助，但再亲密的朋友也不要把手伸得太长管得太宽，如看人家的男朋友不顺眼便去劝人家分手、人家其他朋友说话不中听便当面大骂，类似的行为都会影响到彼此之间的友情。

至于一般朋友和职场关系，自然也要以诚相待。但是，由于彼此的三观可能不太吻合，以及存在着职场上的利益瓜葛，所以，我们与这些人相处时，最好不要心无城府、口无遮拦。古人说“逢人只说三分话，不可全掏一片心”，这种沟通方式正适用于此类关系。平时相交有礼有节，受人之托时认真对待，保持适当的心理距离，这种相处方式，往往比刻意追求亲密更能带来良好的效果。

3. 在社交中求同存异

不同性格的人看待事物的眼光、处理问题的方法也不尽相同，与别人打交道首先要胸怀宽广，对于不同的观点不要急于否定。我们应积极看到别人的优点，在不同之中发现相同，取长补短。

4. 耐心经营，以诚相待

人与人交往大多不是一朝一夕的事，友情和信任也不是短期就能建立起来的。平时对用不到的人冷冰冰好似不识，有用的时候又突然笑脸相迎，这样的行为是人际交往中绝对禁止的。这种临时抱佛脚的行为会让别人觉得你太势利、待人毫无真诚可言。要认识到维护人际关系是一个长期的过程，牢固的友谊和合作关系，需要足够的诚意和耐心来维持。

知识点链接

美国著名政治家、物理学家本杰明·富兰克林说：“成功的第一要素是懂得如何搞好人际关系。”人的一生大部分时间都在跟别人打交道，现代社会，随着信息传递、交流渠道的不断增加和社会活动的日趋频繁，我们不可避免地要与更多的人交往。只有对人以诚相待、知礼知节，耐心地经营各种关系，我们才能在不同的社交层面中取得良好的人脉关系，成为受人欢迎的人。

妆扮得体，彰显自身特性

前面，我们为大家介绍了一些社交必备的基础心态和社交中需要注意的事项。那么，女孩只要拥有了上述的良好心态、牢记了那些社交技巧和禁忌，就一定能在社交中取得成功并获得更多的朋友吗？恐怕并非如此。从某个角度来说，社交活动其实是人与人之间相互综合考量的一种方式，在交际中，对于参与者来说，除了内在的心态，外在的形象同样重要。

我国古代有很多才子名士，或者因为恃才傲物不修边幅，或者为故意显示卓而不群的性格而不注意仪表，如千古名曲《广陵散》的作者、竹林七贤之一的嵇康、诗人兼政治家王安石等，他们的事迹至今仍为人津津乐道。所以，有人误以为我们有一种不在意仪表的传统，其实这是一种误解。古代礼法森严，早在先秦时代，就有托名周朝周公旦所著的《周礼》问世，后世也有很多官方颁布的规范，对人们不同身份、不同场合的衣着、配饰、举止等，都有着极为严格的规定。嵇康、王安石的故事之所以流传千古，正是因为他们是其中的特例；而且从一定程度上来说，人们敬重的是他们在各自领域所取得的超越常人的成就。随着人类文明的发展，传统礼仪已经不再纳入官方指定的范畴，似乎正逐渐被人们所遗忘。但在当今生活中，更加符合现代人和中西方融合理念的着装与仪表已经悄然成为社交领域中一种约定俗成的礼仪。尤其对于女孩来说，不同场合中的衣着、打扮，体现着她的品位、学识、教养和魅力。

穿衣服首先要漂亮，这是无可厚非的，毕竟谁都喜欢与漂亮的人亲近。可是很多女孩明明样子长得不错，身材也挺好，浑身都是名牌，但看起来就是有一种怪怪的感觉。

穿得漂亮，不是要女孩打扮得花枝招展，也不一定非要名牌傍身，而是要让穿着搭配能够符合自身的特点、气质。例如，个子矮、腿短的女生尽量不要穿长款风衣，这样会显得腿更短；胳膊粗、上身略胖的女生尽量不要穿抹胸裙，因为这样会把上半身的赘肉完全暴露出来；很多上身较胖的女生认为穿着宽松一些可以遮肉，殊不知那样会让自己看起来更臃肿；如果只是骨架大而腰腹较瘦，完全可以尝试一些素色修身的衣服。20世纪90年代，染发加大皮靴、大耳环曾经风靡一时，如今一些怀旧或者复古风又开始推崇这种打扮；但是这种打扮除了对身材要求极高外，妆扮者自身的气质也相当重要，不是谁都能驾驭住这样的妆扮的。总之，衣服如果合身，并且符合自己的年龄、气质，自然能为你的魅力大大加分，令你更易吸引众多的目光。

此外，女孩还须注意，除了搭配要合理外，一些细节方面的问题也不容忽视。

Mary出道多年，今年总算迎来了事业的春天。两个月内，她参演的几部影片陆续上映，而且都是叫好又叫座。虽然Mary在那几部电影中只是扮演一些配角，但她凭借磨炼多年的演技，将每一个角色都演绎得十分到位。尤其是年度大片中那个楚楚可人、清纯善良的女二号形象，让许多观众立即注意到了演员本身姣好的容貌和精湛的演技。一时间，Mary拥有了大量的拥趸，身价也水涨船高。

然而，就在她开始相信自己或许终有一天能够实现儿时的梦想——成为国际影后时，一张几年前的照片，差点粉碎了她的梦想之路。这张旧日的宣传照中，几乎素颜出镜的Mary身穿白色T恤，搭配牛仔裙，看起来动感而清纯。坏就坏在，白T恤正面有一行醒目的英文字母“hustler”。这个单词在英文中是个贬义词，直译为“耍诡计骗钱的人”，在俗语里有“妓女”的含意，也是美国某知名成人用品企业的名字，同时又是美国一本知名的成人杂志*Hustler*（中文译为“皮条客”）的名字。一向以清纯健康形象示人、且借由清纯角色一举成名的Mary，在服装上犯下这样的错误，令很多人质疑她的英语水平和她身后团队的专业性，对她的形象造成了很坏的影响。

可见，穿衣服不能只在意漂亮与否。尤其是在公共平台展示自己时，女孩一定要对每一个细节都特别注意，否则很有可能会给自己带来不必要的麻烦。

良好性格修炼术

我们走在街上，经常能看到那些三五成群的人穿着风格也很相似。一群西装革履的人里基本不会有穿裤衩背心的；一群运动风格的年轻人里也很难看到穿皮鞋的；几个衣着时尚的女孩走在街上，旁边基本不会多出一个穿着宽松T恤、戴着厚片眼镜的姑娘。正所谓“物以类聚，人以群分”，衣着打扮往往体现出自己的喜好与品位，也决定了自己的交友层面。但在日常生活中，除了品位相同的朋友外，出于各种目的，我们也需要与各种不同的人交际。所以，不同场合下，选择相对合适的穿着，对女孩来说是很有必要的。

1. 干净整洁

这一条看似简单，但对一些人而言又不太简单。有些姑娘乍看之下打扮得光鲜亮丽，当人们与其近距离接触时，却看到她们微脏的领口和起球的衣袖。一些男生胡子拉碴，自觉很酷，但女生对于这样的男生通常都想避而远之。

2. 场合很重要

例如，参加晚宴和时尚活动时不能穿家居服、不能完全不施粉黛，而应该穿专门的晚礼服并搭配合适的鞋子、首饰及配饰。参加朋友聚会、聚餐时，如果穿着职业装，会让人觉得疏离。度假、旅游时穿着高跟鞋，和穿着比基尼逛街给人的观感并不会有多少不同——总之都是不合适的。

3. 衣品如人品

这不是说只有穿戴名牌才能显得品位高尚。只要衣物适合自己的身份和气质，并合理地搭配款式及颜色，普通的衣物也一样能穿出自己的风度。年轻人在正式场合中可以穿得成熟些，但不要搞得老气横秋。朋友聚会时可以穿得轻松些，但不要过于色彩斑斓，过多的颜色混搭不但很难产生美感，反而很容易让人觉得在看着一只金刚鹦鹉。

4. 淡妆浓抹总相宜

对于女孩来说，化妆跟服装一样重要。很多女孩喜欢素面朝天，这样的面孔出现在家人和熟悉的朋友面前，倒没什么问题；但是，在正式的社交场合，再美的女孩也要轻施淡妆，这样既可以搭配服饰、提升自身气质，同时也是一种基本社交礼仪。

要注意的是，无论你是天生丽质还是相貌平平，化妆的目的只是适度遮盖自己不满意的地方，切忌浓妆艳抹。有些女生由于对自己的外貌不自信或者存在审美认知问题，总会把脸抹得特别白、口红涂得格外重，几乎完全遮掩了自己本来的面目。这样的妆扮除了她们自己欣然自喜外，不会有几个人真正觉得很好看，反而会令人们觉得她们倒不如去唱几出戏。

知识点链接

社交中的穿着打扮是一门不可小觑的学问。无论是求职应聘还是办公室一族，或者是商务洽谈，良好的外表总是能为自己加分。陌生人之间往往都是先从外观判断对方的，所以，在社交中，得体的仪表比邋遢的外貌更加有说服力，也更容易引起别人注意，能为我们增加进一步加深了解的机会。

第08章 培养柔润温婉的性格：女孩温暖体贴，不做刁蛮公主

身为一个女人，你尽可以潇洒、干练，像女强人一样地工作和生活，但有一点不能少，你必须温柔。女人的温柔是天性，也是女人征服世界的天然武器。如果完全丢掉了温柔善良的性格，那么虽然在这一段时间内你感觉到扬眉吐气，充满征服的快感，但若长时间发展下去，你就会失去很多作为女人本来应该享受的那些快乐和幸福！

善用温柔这个“致命武器”

人们常把女人比作水，说女人是水做的，为什么呢？难道只是因为女人像水一样柔弱吗？当然不是，不要忘了，虽然水是柔性的东西，但是还有水滴石穿这个词呢！将女人比作水，其实是说，女人可以以柔克刚，用她的温柔捅破男人的铜墙铁壁。

男人靠强大的力量征服世界，女人靠自己的温柔征服男人。古往今来，有多少男人心甘情愿被女人的温柔俘获，拜倒在她们的石榴裙下，可见温柔的力量。

关于“石榴裙”的典故，相传源自唐明皇的宠妃杨贵妃。据说，杨贵妃十分喜爱石榴花，也很喜欢吃石榴。不惜“一骑红尘妃子笑”的唐明皇，又怎能放过这个博美人欢心的机会。他特意命人在宫中种下许多石榴树，到了石榴花开放的季节，唐明皇便在石榴花丛中设下酒宴，与杨贵妃共饮。微醺的杨贵妃双颊绯红，与火红的石榴花交相辉映，令唐明皇沉迷不已。春宵苦短日高起，君王从此不早朝。有了杨贵妃后，唐明皇耽于美色，荒废朝政，惹得众大臣敢怒不敢言。满心愤怒的臣子们，不敢对皇帝无礼，只能将一腔怒火转移到杨贵妃身上，不仅背后对她白眼相加，见了她也不按照规矩行礼。杨玉环虽然深感委屈，十分无奈，但她没有去唐明皇那里哭闹，而是每日如常地赏着她的石榴花，吃着她的石榴籽，穿着她那绣满石榴花的裙子。

一天，唐明皇宴请群臣，席上邀杨贵妃为大家献舞一曲，以助酒兴。这时，杨贵妃并没有依旨起舞，而是端起酒杯敬了唐明皇一杯酒，并用柔肠百转的声音对他低声耳语道："陛下，这些臣子里，有很多人对妾身十分不敬，不仅侧目而视，见了妾身还不行礼，因此妾身不愿为他们献舞。"

唐明皇这才知道爱妃受了委屈，顿时大怒，立即命令所有大臣见了杨贵妃必须行礼，若不跪拜，将治以欺君之罪。群臣没有办法，只好遵旨。从这以后，臣子们只要看到身穿石榴裙的杨贵妃款步走来，便纷纷跪下行礼。从此，"拜倒在石榴裙下"也成为流传千古的典故。

在那个已渐渐离我们远去的男权社会，杨贵妃总是被人们斥为"红颜祸水"，误国误民。今天，我们不去讨论这样的指责是否客观、是否公正，只去品味这个故事展现出的杨贵妃的智慧。作为女人，杨贵妃身上确实有很多值得当今女性学习的地方。不管自己如何委屈，她从来不用撒泼来为自己争宠，而是巧妙地用温柔俘获天子的宠爱之心。而这种温柔，也正是现代女性应该具备的品质。

良好性格修炼术

温柔的女人自古就受欢迎，没有哪个男人希望回家后面对的是一个泼妇。其实不只是男人，女生也爱跟温柔的同性做朋友。女孩不妨思考一下，如果是你，你愿意和一个整天不讲道理、趾高气扬的人做朋友吗？既然跟撒泼、耍无赖相比，温柔更能帮我们化解一切敌意、误会、仇恨、冤屈，那女孩们何不用好这个武器，发挥它的力量呢？

1. 收起你的尖酸刻薄

人与人交流感情的最基本方式就是沟通，人人都爱听好话，这是人之常情，也是理所当然的。很多女生不懂这个道理，总是喜欢在爱自己的人面前说一些刻薄的话，有时甚至极尽挖苦之能事，殊不知这些刻薄的话是对感情最大的伤害。如果你在乎一个人，就请用温柔代替你的尖酸刻薄。时间长了，你会发现温柔不只可以化解矛盾、减少伤害，还能增进人与人之间的温情。

2. 不要毁灭他倾诉的欲望

生活中，我们看到更多的是女人的不满，听到更多的是女人的抱怨，然而，惯于默默承受的男人，也会有需要倾吐的时候。即便是无坚不摧、万夫不当的男人，也会有疲惫的时候，也想要拥有一个自己的避风港，供自己休憩。当他满心倦怠地回到家中，面对的却是一个满脸厌烦或是疾言厉色的女人时，试问，他又如何开口倾诉，如何发泄不快呢？长此以往，伴侣间的沟通越来越少，心灵越来越远，感情越来越淡，最终的结果，绝不是女人的初衷。

3. 把“强大”留给另一半

男人都好面子，都希望成为家人的保护神。不管你在外人面前多有气场、多有个性，面对爱人的时候，也要温柔一点。尤其是在他的朋友面前，一定要给足他面子。这既是为了维护男人的尊严，也是为了保护两人的感情。

知识点链接

温柔是女孩“克敌制胜”的法宝，但也须慎用，否则，反而会给女孩带来不必要的麻烦。若对于伴侣之外的异性过于温柔，则很容易让对方产生误会，也可能引起伴侣的不满，影响两人感情。

聪明的女孩，应该懂得适当地“示弱”

当今社会，女性的地位随着其社会责任的增加也越来越高。在很多地方，女性的社会、家庭地位相对男性已不遑多让。随着女性在社会发展、家庭建设中的积极参与和重大贡献，很多女性无论是作为工作中的先进代表，还是作为家庭中的重要支柱，其能力与成就，都已经让众多男性“自叹弗如”。在这种情况下，有些女性开启了“强势”模式，其“彪悍”作风，令许多男性望而生畏。

从白手起家到成为商界传奇女性，王薇只用了9年时间。9年的摸爬滚打、披荆斩棘，磨炼了她的意志，也消磨了她女性的温柔。

看着对自己只剩下颐指气使、指责谩骂的王薇，丈夫李刚选择了沉默的忍耐。当初，为了支持妻子创业，他放弃大好的升迁机会，主动申请调职到相对清闲的部门，以便承担起照顾老人和孩子的责任。9年以来，他一直心甘情愿地付出，从没有抱怨自己的妻子没有尽到一个女人的义务。因为他知道，男女本就平等，女人有照顾家庭的义务，男人也有操持家务的责任。况且，他深爱着妻子，更深知妻子才华横溢，他不忍心让妻子的梦想就此陨落，他愿意以牺牲自己的事业为代价，来换取妻子的锦绣前程。

然而，李刚的忍耐却成了王薇更加肆无忌惮的理由和倚仗。原本她欣赏的丈夫的温厚体贴、甘于奉献，如今在她眼中也成了懦弱无能、胸无大志。每天拖着疲惫的身体回到家，看到丈夫殷切的笑脸，她从不回应，只会冷冷地说一句：“你倒永远这么清闲。”

这天，王薇应酬完回到家中，本想让丈夫给她煮点夜宵，却发现家里空无一人。她顿时火冒三丈，正要打电话给李刚，李刚却开门进屋了。他领着老同学赵磊，一边请他进来一边笑着说：“快进来，我给你泡杯茶。正宗的明前龙井，我托了好多人才弄来的。王薇应酬去了，我听说同学聚会，提前把孩子送到他姥姥家了。今晚咱哥俩儿好好聊聊。”

“这么晚，你不如不回来！”王薇站在客厅里，铁青着脸冲李刚吼道，“同学聚会？要不是那会儿你们班上女生多，今天你也懒得去吧！”

李刚这才看到王薇，听了她的话，不好发作，只是又对赵磊说：“你先坐，我这就烧水泡茶。”

“给我做点夜宵去！我没有你那样的好清闲，还有空去同学聚会！我忙着应酬，到现在连口饱饭都没吃上！”王薇见李刚对自己的质问充耳不闻，更是愤怒。

李刚愣了愣，冲着王薇点了点头，又转身对赵磊说：“我整两个菜，咱们哥俩儿再喝点儿。刚才聚会上我也没吃饱。”

赵磊不敢搭腔，只是识趣地直点头。

不一会儿，李刚就端出了几个精致的小菜，邀王薇和赵磊落座。然而，几人的筷子还没举起，王薇的谩骂便又响起：“全是下酒的菜，你存心饿死我是不是？去给我重做几个！”

赵磊再也待不下去了，忙借口时间太晚，迅速撤离。

而李刚，也没有再给王薇继续“教育”他的机会，他摔门而去，留下王薇一人在家中叫骂不绝。

三天后，李刚才回到家中。然而，王薇等到的不是李刚的“俯首认罪”，而是一纸离婚协议书。

时代倡导着女性的解放、自由，社会鼓励着女性的自立、自强。然而，解放不等于放纵，不等于毫无约束；自强不等于强势，不等于失去女性自身的特点。过于强势的女性，或许能在事业上叱咤风云、威震四海；但回到家中，回到爱人身边，一味强势，难免会让男性压力巨大，最终敬而远之。适当地示弱，时常做一回依人的小鸟，不仅不会让女孩失去尊严，反而能让女孩享受到更多的关爱与呵护。

良好性格修炼术

女性过于强势，在事业中可以震慑对手和下属，但长此以往，难免落得个不近人情、难以相处的评价；在生活中也许让人眼前一亮，倍感新鲜，但时间久了，少有男性能够承受这样的压力。强如武则天那样的女人，也曾因过于强势险些被唐高宗废弃，也明白面对夫君要显现女子的温柔。因此可以说，过于强势，不论是在事业上还是在生活中，对于女孩来说都是一块绊脚石。那么，女孩该如何做，才能做到适当示弱，让对方感受到你的小鸟依人呢?

1. 不要总是谈“你强他弱”的话题

懂得示弱，是女孩的智慧，是女孩在婚恋中不得不掌握的技巧。而当女孩意识到必须示弱时，双方的关系可谓已经陷入紧张的局面。为挽救危局，女孩须立即停止种种关于“女强男弱”“你强他弱”的话题。这种话题只会不断地刺痛他、逼退他。即便这是事实，也不该成为你们“打情骂俏”的谈资。

2. 争吵远不如撒娇管用

在“战斗”中让另一半缴械，关于这一方面，相信许多女孩都握有不计其数的杀手锏。有些时候，为了“全面的胜利”，许多女孩总是不厌其烦地让战火继续燃烧，不闹得对方生不如死誓不罢休。而事后，当双方都伤筋动骨、筋疲力尽时，又开始后悔自己的不留余地。其实，很多时候，女孩只需要一句娇嗔、一滴眼泪，就能够让战火平息，让男人仓促缴械，不再抵抗。天生具有强烈战斗欲和保护欲的男人，面对争端时总是不由自主地奋起而攻，而在面对女孩的撒娇时，只会化身为遮风挡雨的大树。

3. 做他的“粉丝”

女孩不仅要在争执时学会示弱，在日常的生活中，也应当适时地以“弱者”自居，崇拜、仰望自己的爱人。当你成为他的粉丝时，他会为你变成无所不能、光辉夺目的偶像；他会更加宠爱你、照顾你，尽他所能地呵护你。当他感到自己被你需要、被你崇拜时，他反而会成为你最忠实的粉丝。

知识点链接

曾经有过这样一个实验：在一条拥挤的马路上，心理学家让一个壮汉理直气壮地强行横穿马路。往来的车主们很是不满，主动给他让行的车辆不到二分之一。之后，心理学家在同样的路况下，又安排了脚步蹒跚的老人、懵懂无知的幼童和行动不便的残疾人等弱势群体横穿马路。这时，路过的车主们纷纷停下车来，主动让行。从这个实验中，心理学家得出结论：示弱，有着我们想象不到的力量。

过犹不及，恋爱中的女孩不要总吃醋

红尘男女，但凡尝过情爱滋味者，相信也都尝过“醋”的滋味。“吃醋”，是爱情中永远无法回避的话题。相对于男性，似乎女性总是更“擅长”吃醋。就连古龙都说：“世界上不吃饭的女人或许会有几个，而不吃醋的女人却没有一个。”女人善于吃醋，也懂得利用吃醋。例如，有些女性故意与其他男性亲近，以此刺激出她的“真命天子”的醋意，确定他对自己的心意；有些女性时常酸味十足地对自己爱人身边的女性评头论足，以此彰显她对爱人的在乎。女孩要记住，爱情中，吃醋是一把双刃剑，它能加深你们的爱，也能毁灭你们的情。

接到刘军约自己喝酒的电话时，周亚还以为自己听错了。挂了电话，他本不想去——这个有异性没人性的臭小子，自从谈了恋爱就再也没和哥几个聚过，这会儿倒想起他来了。但想起刘军在电话里颓废的声音，周亚还是赶到了饭店。

到了饭店，看到已经喝得半醉的刘军，周亚不禁疑惑起来：“这是怎么了？你女朋友呢？怎么放心你一个人在这儿喝酒？”

“分手了！来，今晚陪我一醉方休！”

“好好的分什么手？是不是你小子又犯浑，惹人生气了？来，电话给我，我给你说和说和。”

“我是什么人你还不知道！”刘军白了周亚一眼，又灌了口酒，“我是实在受不了了，女人实在太难缠了！整天防我就跟防贼似的，恨不能打断我的腿把我拴在家里，再挖了我的眼不让我偷看美女！”

“你先前不是挺享受的吗？还说你上一个女朋友总是波澜不惊，这回才体会到被人爱、被人重视的感觉。”

“没错，就是被前一个比得，所以一开始我还挺美。我俩在一起之前，早就互相喜欢了，就是谁也不敢点破。后来她每天当着我的面，故意和司机小蔡同进同出，一下就把我惹急了，赶紧表白。后来她还得意呢，说这招是书上学的，真管用。我开始还特感谢那本书，后来简直想把那本书的作者掐死。再后来，我看到了那本书，才知道人家是说恋爱中要活用吃醋，没说吃起醋来没完没了。她这个理解能力，真是……你知道，我们部门女的多，那也不关我的事啊！可在她眼里，成了我的罪过了！天天逼着我，要我和任何女同事之间都保持两米距离，交接文件时也不许直视人家，一天之内跟女同事说话不许超过十句，这不胡扯么！电梯里女多男少就不许坐电梯，等下一趟，这不胡闹么！”

“人家女孩吃点醋，不过表示在意你，看你小子，得了便宜还卖乖。”

“这不是吃醋，这是要吃人啊！你别劝了，我们已经分手了。我就是个俗人，实在招架不了这样的女孩。”

有人说，吃醋就像喝酒，适度有益，过犹不及。此话颇有道理。适量喝点小酒，能够加速血液循环、消减疲劳；但过度饮酒，则伤身伤神，甚至有酒精中毒乃至丧命的危险。爱情中，女孩偶尔吃点小醋，可以为恋爱增加一味调味剂，加深两人的感情；若吃醋过度，则伤身伤心，乃至有断送爱情或毁灭婚姻的危险。

良好性格修炼术

那么，在恋爱中，女孩该把握哪些方面，才能做到适当地吃醋呢？

1. 选对时机很重要

很多时候，明明是一句同样的话，同样的人以同样的语气说出来，达到的效果却完全不同，这就是说话时机的问题。女孩需要了解，男性在很多时候是木讷的，甚至是“蠢笨”的，尤其是正疲于奔命或心中烦躁的男性，不仅更“傻”更“笨”，而且很容易不通世故、一点就着。这种时候，女孩最好不要再耍什么“小性儿”，不要再用那些酸性大发的话让对方失去理智，以至令他在冲动中将你当成他的撒气桶。只有两人处于一种温馨浪漫的氛围中，双方都保持良好心态时，才是女孩吃一点醋、耍一点赖的“黄金时间”。

2. 吃醋切忌不分场合

每个男人的骨子里，或多或少都会有些“大男子主义”；况且，心思再细腻的男人，也不可能完全猜中并十全十美地体贴女人的百分百心思，因此，有些男人会说自己的另一半“不识大体”“总爱瞎闹”。然而，这并非完全是男人的“顽劣”在作祟，有些时候，是女人自己在“引火烧身”。试问，当女人不懂得分清场合，在众人面前也毫不顾忌地向另一半展示着任性、刁蛮时，如何让男人在人前保住面子呢？或许，在女人看来，在众人面前向另一半吃醋、撒娇，是为了表现自己对他的爱，为了表现两人的感情深厚，然而，这也很有可能让男方成为他人奚落的对象，更会让男方觉得女人不懂得照顾他的体面。

3. 吃醋也要适可而止

对于酸味过重的醋话，女性很多时候尚且会心生不悦，觉得对方胡搅蛮缠，何况是男性呢？沉浸在爱情中的男人也是男人，与女性不同的是，他们更习惯于理性思考，更习惯通过逻辑思维推理事情的前因后果。女孩偶尔几句不满的醋话，可以让他们感受到爱意，从而欣喜若狂。但是，如果爱人整日吃醋，整日抱怨，那么只会让他们觉得自己的伴侣不信任自己并且不讲道理。活在这种压力下，他们会身心俱疲，终有一日会转身而去。

知识点链接

有心理学家曾表示，吃醋其实是一种正常的心理反应，往往表现出别样的爱和关心。吃醋的人，其潜意识里是希望被吃醋对象的情感能够专属于自己，害怕失去这份情感，因此不由自主地产生一种保护意识。恋爱或婚姻中，如果双方对彼此从不过问，无论对方与何人相处、亲近到何种地步等都毫无介怀，那么这段感情也就索然无味，甚至岌岌可危了。

不要把你的爱人抓得太紧

爱情具有排他性，所以陷入爱情里的人占有欲都很强。只要另一半有一会儿心思不在自己身上，便会不踏实。女孩天生心思敏感，所以面对爱情时很容易患得患失。但是每个人都有自己的小秘密，就算是再亲密的爱人，也有不愿分享的隐私。与其打破砂锅问到底，还不如换位思考，包容一点，做个体贴的女朋友。

梅子和老公范伟是大学同学，两人从大一便确定了恋爱关系。大学毕业5年后，两人终于克服重重困难，结束了长达9年的爱情长跑，在双方亲友的祝福中，携手走入了婚姻殿堂。

在梅子和范伟的婚宴上，梅子的几位闺蜜都感动得眼泛泪花。她们曾亲眼看着梅子在跌宕起伏的爱情之路上辗转反复，因此都衷心地祝贺梅子终于修成正果。然而，这个周末，闺蜜糖糖约梅子喝下午茶时，才发现梅子面带愁容，看不出一点新婚的喜悦。糖糖一番询问之后，才知道梅子夫妻吵架了，且“战况”持久。

上周五下午，梅子提前下班，于是买了些茶点，打算去范伟的心理诊所和他一起享用下午茶。然而，她刚走进诊所大门，就看见范伟正在对着一个女人“动手动脚”。梅子顿时气冲脑门，不断脑补着范伟背叛自己的画面。她气得不管不顾，冲过去一把拉出范伟，将他拖回了家。

进了家门，范伟还没来得及换鞋，就遭到了梅子的逼问。看着不断追问自己和那个女人是何关系的梅子，范伟虽然觉得她有些无理取闹，但想到她吃醋也是因为在乎自己，便耐下性子，好声好气地告诉梅子，那是自己的病人，梅子所谓的“动手动脚”，是他在为其治疗。梅子不信，摆出一副打破砂锅问到底的架势，非要范伟实话实说。范伟无奈，只能直言不讳地告诉梅子，病人的具体情况是她的隐私，他无权透露。听到这些，梅子无话反驳，但心中的刺却怎么也拔不出去。

第二天，两人难得一起在家休假，梅子本想和范伟谈谈心，却发现范伟的心思全在手机上，不停和人发信息。梅子问范伟对方是谁，范伟随口答了一句“病人”，这让梅子立即想起昨天下午看到的情形。于是，她一把夺过范伟的手机，拿在手里边翻看、边嘲讽道：“难得的周末，还给人看病抓药呢？从没见过哪个病人让你这么上心啊！”范伟听闻此言，不愿与梅子多作纠缠，只是默不作声地伸出手来，要梅子归还手机。梅子见范伟毫不辩解，形同默认，一时间怒火冲天。正当此时，手机的提示铃声又响了，这条短信无异于火上浇油，梅子大怒之下，将范伟的手机屏幕摔得粉碎。

向来好脾气的范伟，见梅子如此不可理喻，也不禁动怒。他不再忍让，接过梅子的话茬，与她针锋相对地吵了起来。这次争吵过后，两人便开始冷战，谁也不愿意先认错。

把沙子捧在手里，你会发现，你越是想抓紧一点，沙子反而流失得越快。

其实人与人之间也是这样，尤其是情侣之间，倘若我们总是想把爱人牢牢地拴在手里，不肯给对方属于自己的空间，那么抓得越紧，爱人反而越想逃。这就好比人们吃饭，只有给自己的胃留有空间，吃八分饱，才是最舒适的状态。倘若把自己的胃塞得满满的，过度的饱胀感会让人很不舒适。其实，婚姻生活有时候就像吃饭这么简单，只有给彼此留有空间，才能让彼此都感到舒适。

良好性格修炼术

1. 女孩要自立：有喜欢的工作和稳定的收入

如果依附着他人寻求安全感，那将永远无法获得强大的安全感。因此，女孩要自立，选择保证赖以生存的工作，在工作中获取成就感，找准自己的定位。正所谓，“经济基础决定上层建筑”，有一份不错的工作，就会有一份稳定的收入；有一定的经济来源，才能让自己追求更高层次的需求。

2. 女孩要自爱：有强大的内心和丰富的精神世界

懂得爱自己的人，才会好好爱别人，同时也会吸引他人来好好爱自己；不管跟谁一起学习、工作和生活，都会有一个强大的自己。闲暇之时，多看看书，提升自己的精神追求，相信女人能顶半边天。

3. 女孩要自信：相信自己并积极挖掘自身的潜能

女孩如果缺乏自信，自我效能感就低，就会低估自己的潜能。女孩一定要找准自己的优势，相信只要自己足够努力，就一定能做好要做的事情。千万别低估了自己，甘愿围着锅碗瓢盆转，而忽略了最美的自己。

4. 女孩要自乐：懂得充实的生活，交志趣相投的好友

女孩不要把快乐建立在别人的给予上，我们要懂得自己充实生活，有自己的兴趣爱好，有志趣相投的好友，可以呼朋唤友喝茶娱乐、聊天逛街等。如果你的生活足够充实和精彩，你还会有时间去考虑怎样获得更多的安全感吗？

5. 女孩要自知：善于改变自己为人处世的方式

女孩要想方设法地了解自己，知道自己需要什么，并努力去追求什么，努力掌控自己的生活。如果遇到困难，要想办法先自己解决。不要总暗示自己女孩子就该干轻活、装淑女、扮优雅。我们应当是——遇到紧急情况，我们照样能穿着高跟鞋和长裙努力往前奔跑。我们要自知，善于适应和提升自己。如果我们能与时俱进，又何必害怕被社会淘汰、被他人遗弃呢？自己掌握自己的命运，又怎么会担心没有安全感？

知识点链接

不管彼此之间多么亲密，女孩也不要把自己所有的时间和精力都放在对方身上。把自己的幸福压在别人身上，这绝不是对对方的爱，相反，这其实是十分不理智的，会在无形中给对方造成压力。除了给对方保留隐私的权利，我们自己也应该给自己的生活找一些乐趣，学会爱自己。人只有自己爱自己，才能学会爱别人，才能变得更加自信和有魅力。

谦和是女孩必备的品质

谦和的字面意思很容易理解，就是指为人谦让而和善，懂得尊重别人，是一种优雅高尚的品行。它看起来似乎没有什么难度，但在实际生活中要想能时时刻刻都做到，却并不容易，人们常常会因为混乱的环境、浮躁的言语、矛盾的心情而忘记它。尤其是当身份地位高于别人的时候，能保持这种品行的人非常罕见，更十分可贵。

京剧泰斗、梅派创始人梅兰芳先生早在20世纪初便以清丽的扮相和婉转的唱腔名扬天下。很多人不知道的是，他还十分喜爱书画，并且是著名画家齐白石的入室弟子。而他与齐白石的缘起，也可谓一段佳话。

在书画方面，梅先生最初的授业恩师是当时著名的国画大家王梦白。1920年前后，经王梦白的引荐，梅先生结识了58岁的齐白石。大器晚成的齐老在当时名家荟萃的京城并没有太大名气，而梅兰芳却不以身份为念，对他十分敬重。齐老曾经在回忆录里写道："我跟梅兰芳认识，就在那一年的下半年。记得是在九月初的一天，齐如山来约我同去的。兰芳性情温和，礼貌周到，可以说是恂恂儒雅。"

有一次，齐白石和梅兰芳同到一位大官家做客，齐老来得比较早，穿着普通的布衣布鞋，在冠盖云集的名流群中显得有些寒酸，所以并没人注意到他。齐老尴尬地坐在一旁，后悔自己来了此地。过了一会儿，梅兰芳也到了，主人高兴地起身迎接，其他宾客见到这位艺术大师，也纷纷上前跟他握手打招呼。

人群中，梅兰芳看到了独自坐在一边的齐老，便特意走过去恭敬地向他行礼问候，并且相谈甚密。在场的人看到这位大师如此敬重这位衣着寒酸的老人，都十分惊讶，这才对齐老刮目相看，并且逐渐有人过来寒暄。

几天后，齐老送给梅兰芳一幅《雪中送炭图》，并且亲自题了一首诗：

记得前朝享太平，布衣尊贵动公卿。

如今沦落长安市，幸有梅郎识姓名。

对于这种瞬息变幻的人情冷暖，齐老很是无奈；同时，对于梅兰芳放下身段帮他圆场的举动，齐老也非常感动。

1924年，梅兰芳正式拜62岁的齐白石先生为师，成为他的入室弟子。拜师当天，齐白石对他说："你这样有名，叫一声师傅就是抬举老夫了，就别提什么拜师不拜师的啦！"但梅兰芳认为师生之礼断不可因成名先后而废，所以坚持行了拜师之礼。之后，凡在老师身边，他必帮忙研墨铺纸，严执弟子之礼。同时，他也把这份谦和谨慎用在了学画上。很快，他的工笔画便已经神韵十足。

而梅先生尊师重道的事迹也传为佳话，为他赢得了更多的口碑和尊重。

良好性格修炼术

我国古代的读书人崇尚“仁义礼智信，温良恭俭让”，虽然没有直接点出“谦和”二字，但礼、温、良、恭、让无不包含着这层意思。而《论语·颜渊》也提到：“君子敬而无失，与人恭而有礼。”可见，谦和早在两三千年前就已经成为君子的行为准则之一了。

那么，怎样才能养成谦和的性格呢？

1. 足够自信

谦和是一种品德，也是一种性格，这种品德要求人们适当地放低姿态，理让他人。有些人认为当众认低服输是一种丢脸的事，会让人看不起，所以特别在意与人争一时之长短，这就是不自信的表现。其实，别人并不会因为一时言语的多寡而高看或者低看你一眼，你若锱铢必较，反而会让人觉得你心胸狭窄。

2. 不因地位而看低别人

有些人对上司或者衣着光鲜的人彬彬有礼，但面对衣着朴素或者工作环境差、工资水平不高的人时，却摆出一副高傲鄙夷的面孔。这不是谦和，而是势利。真正的谦和是一种明确的处世态度，越是身处高位越乐于放下身段，诚心认可身份地位不如自己的人的长处。《三国演义》中，刘备三顾茅庐请得卧龙先生，正是因为他肯折节放下皇叔之尊，为求贤能数次往返于穷乡僻壤，才最终打动了诸葛亮，令其出山辅佐他，成就了三分天下有其一的霸业。

3. 躬身自省

并不是拥有容人的雅量就能称为谦和，这只能叫礼貌。所谓谦和，不仅是对他人彬彬有礼、谦逊和气；更重要的是做到“吾日三省吾身”，虚心接纳别人的意见甚至批评，不断改正自己的错误、缺点，使自己的知识和修养日趋完善。

知识点链接

《荀子》里记载了一种现已失传的古代器皿，它的特点是“中而正，满而覆，虚而攲”。也就是说，它空着的时候是歪的，灌满水就会倾覆，只有水量适中的时候才会保持平衡。这个器皿的奇巧之处，正像人的性格，过于自满和自轻都不好，只有中正、谦恭才能平和。

第09章
培养宽厚善良的性格：仁义有爱心，女孩因善良而美丽

善良，是女孩立世的根本，是女孩幸福的源泉。心中失去善良，再美的容颜也无法打动人心，再坚强的性格也无法立足于世。善良，是心中充满关爱和仁义；善良，是设身处地地为他人着想；善良，是对于敌人的宽恕与谅解；善良，是对于这个世界的深切热爱与无私奉献。善良的女孩，或许没有迷人的面容，没有傲人的身材，但她们拥有最珍贵的心灵，是世间最美的天使。

温柔的女人更美

造物主遵循自然法则，创造了男人和女人，又根据平衡法则，将阳刚之美赋予男性，将阴柔之美赋予女性。女性的阴柔之美里，最核心的就是温柔，女性的温柔可以是一举手、一投足、一个专注的眼神、一个会心的微笑。温柔的女人就像春天里的一抹暖阳，让人感到温暖妥帖，吸引着大家向她靠近。

如今，随着时代的发展，社会的进步，女性在经济、社会地位提高的同时，相应地承担了更多的责任与义务。在种种责任的压力下，女性变得越来越独立，越来越坚强。“雷厉风行”“敢作敢当”等词汇也越来越多地出现在形容女性的言辞中。然而，这些旧日用来形容男性的字句，到底没有“温柔”二字更贴合女性独有的魅力，更吸引他人倾慕、欣赏的目光。

卢琴是一家保险公司的销售员，虽然保险销售并不好做，但是卢琴不怕。性格十分要强的卢琴，对自己也是出了名的狠，每天除了报到，基本上不是在见客户，就是在见客户的路上。功夫不负有心人，卢琴在一年之内就成了这家保险公司的销售冠军。又过了一年，卢琴升任保险公司的销售经理，手下管理着二十几个销售员。

因为卢琴雷厉风行的作风，底下的员工都叫她灭绝师太，大家谈到卢琴的时候除了狠就是严，再没别的了。眼看着自己就要三十岁了，卢琴也开始想要找个男人安定下来，但是家人给她安排了三次相亲，最后都泡汤了。原来，因为工作的原因，卢琴平时生活得像一个男人一样，从不穿裙子，永远是一身正装，跟人说话也是一股领导做派。即使是相亲，卢琴也很难转换自己的身份，三个跟她相亲的男人都说和她聊天不像朋友间闲聊，倒像是上司和下属开会。卢琴不解，向好友抱怨："这么多年我一直是这样生活的，难道错了吗？"

卢琴的错，不在于她日久修炼成的坚强、果断、严肃的品格，而在于她表现出这种品格的契机与场合。在工作中，她是一个能力出众的女强人，这些品行，能够为她带来切实的利益；而当她回到生活中，当她作为一个相亲对象出现在男性面前时，她应有的是女性的柔情，是女性的温存。人称"铁娘子"的英国前首相撒切尔夫人，在丈夫面前尚且懂得温情脉脉，以维护夫妻情感，试问，年轻的女孩们，你又怎能总是不分场合地刚硬坚强、不顾一切地舍弃女性的独有魅力呢？

良好性格修炼术

温柔的女人是最美的，也是最有魅力的。有的女孩天生就很温柔，这是上天赐给她们的优势，应该好好珍惜；同样，通过后天的修炼，也可以让更多女孩变得温柔。那么，女孩该如何修炼温柔的性格呢？

1. 收起你的坏脾气

随便一件小事就能点燃的人，性格一般比较火暴和急躁，这样的性格是温柔不起来的。试想一下，哪个男人愿意和一个像炸药桶一样随时会爆发的女孩在一起呢？所以，姑娘，收起你的坏脾气吧，不管发生什么事，都要冷静、多些克制。

2. 凡事多一点耐心

女孩要想温柔一点，就一定要有耐心。生活中确实有很多琐事处理起来会让人感到恼火和挫败，这时请你一定要多一点耐心，处理这些事情的时候不要急躁。毕竟，温柔的女孩怎么能像热锅上的小蚂蚁一样呢？

3. 多对着镜子练习

很多女孩因为长期走中性路线，所以说话、做事也大大咧咧，时间长了都忘了温柔是什么样了。针对这样的女生，有一个很好的方法，那就是多对着镜子练习，练习温柔地笑，温柔地说话。但是要记住，这并不是让你作假，这种练习应该是发自内心的，应该是真诚的。

知识点链接

现实生活中，很多人都对“温柔”这个词有误解，认为温柔就是柔弱、懦弱，这种想法是不对的。温柔是女孩的一种气质，温柔的女孩并不柔弱，而是柔中带刚、柔韧有度的。

站在他人的角度看问题

“四二一”的家庭模式，令当今许多80后、90后的独生子女自小便习惯了做家中的“小太阳”，凡事以自我为中心，不懂得为他人着想，不懂得将心比心、易地而处。

法国作家萨克雷说：“生活是一面镜子，你对它笑，它就对你笑；你对它哭，它也对你哭。”生活是如此，人际关系亦是如此。我们所收获的他人的回报，往往决定于我们自己给予他人的态度。想要看到他人的笑脸，我们必要先对着他人微笑；想要他人尊重我们、理解我们，我们应当主动迈出与人为善的第一步，学会站在他人的角度去看待问题。

春秋时期的“管鲍之交”，千古传颂，历来被人们视为交友的典范。

管仲年轻时，家里很穷，而且尚有老母需要奉养。好友鲍叔牙知道后，就约管仲一起做生意。管仲每次都只能拿出很少的本钱，而在分利时，鲍叔牙却将大部分的盈利分给管仲。鲍叔牙的手下看不过去，说管仲贪财，不懂知恩图报，鲍叔牙却说："管仲家中有老母要养，他不是贪财的人，而且这也是我自愿的。"

管仲深受感动，很想报答鲍叔牙。可是，每次他为鲍叔牙出的主意，总是把鲍叔牙害得不轻。对此，鲍叔牙也没有责怪，反而宽解管仲，说是自己的运气问题，与他无关。

后来，管仲和鲍叔牙一起去打仗。每到冲锋陷阵时，管仲总是躲在最后；而每到了撤军时，管仲又跑在最前面。大家都嘲笑、指责管仲，说他贪生怕死，不是大丈夫所为；只有鲍叔牙挺身而出，为管仲辩护。他说："管仲并非贪生怕死之徒，他只是顾虑家中尚有老母，需要留得性命，回家奉养母亲。"闻听此言，管仲感慨道："生我者父母，知我者鲍叔牙也。"

后来，齐国经过一系列动乱，最终由公子小白登上了王位。鲍叔牙极力向小白推荐投靠战败的敌方阵营的管仲，并在管仲上任后，尽力帮助他。管仲感佩鲍叔牙的恩情，厚待鲍叔牙及其家人。两人的友谊，也被后世传为佳话。

管鲍的深情厚谊，并不单单来自鲍叔牙的雪中送炭与仗义执言，更源自鲍叔牙将心比心地理解与关照。当我们学会站在他人的角度思考问题、处理问题时，他人也会向我们投来友善的目光，与我们互相尊重、互相关怀。友好的交往需要双方的付出；爱心传递，不妨从我们开始做起。

良好性格修炼术

每个人都有自己的立场，每个人都有自己的性格，想要学会换位思考，站在他人的立场上看待问题，并不是一件容易的事。那么，在日常生活中，女孩应该怎样做，才能站在他人的角度思考、迈出与人为善的第一步呢？

1. 尽量客观、全面地认识他人

只有客观、全面地认识他人，我们才能清楚地知道什么是对方想要的，什么是对方想说的。鲍叔牙深知管仲为人与家中情况，才能站在管仲的立场为他付出种种，赢得管仲的深情厚谊。想要站在他人的角度看待问题，了解对方是看清问题的前提。

2. 尽可能为对方做你能做的

站在对方角度看问题，遇事多为对方着想，是善良女孩的必修课。然而，看到问题后，为其着想后，女孩应主动为对方做些力所能及的事，让对方感受到你的诚意与关怀。这些事，可以是你能力范围以内的经济援助，可以是你真心真意的一句问候，可以是你不再争执的偃旗息鼓，可以是你三思之后的一点建议……这些能让对方感到温暖的付出，不拘形式，只在于你的心意。

3. 多想想别人，少想想自己

世间多少纷争，多少寒情冷意，皆源自人人心中只有“我”，而没有“你”，没有“他”。在这个人们越来越想要强调自我的时代，人与人之间的仁爱愈发稀薄。如果终有一日，世间人人只顾自我，那么人人皆是孤立无援。我们希望世界充满爱，希望人与人之间互助互爱，就应从我做起，从学会关爱他人做起。你的付出，终会换回他人的回报。

知识点链接

心理学中的“镜子效应”，给女孩的为人处世带来许多启发。在镜子效应的影响下，人们往往会根据对方的态度来选择自己的回应方式。简而言之，就是我们给了别人什么，别人通常就会回报我们什么。因此，一般情况下，我们喜欢的人，通常也会喜欢我们；我们厌恶的人，往往也会回馈我们憎恶。

宽恕伤害过自己的人

面对伤害过自己的无心者，面对给自己留下痛苦经历的恶人，面对那些曾经日以继夜打击我们，甚至想要毁灭我们的敌人，女孩，你会作出何种选择？是睚眦必报地回击，是心有余悸地仓惶逃走，还是相逢一笑泯恩仇，用你的包容仁爱之心，去宽恕他们、原谅他们？

宽恕，是人类最伟大的美德之一，是人类最智慧的选择之一。美国心理学家克里斯托弗·皮特森说："宽恕是所有美德之中的王后，也是最难拥有的。"宽恕与快乐紧密相连，一个懂得宽恕的人，拥有广阔的天地，他的精神世界是丰富多彩的，他的人生旅途是风光绮丽的。

2013 年 12 月 5 日，南非前总统曼德拉去世，南非举国哀悼，世界多国亦举行了各种悼念仪式。作为世界上最受尊重的政治家之一，曼德拉能够赢得全球人民的敬仰，不仅因为他是南非国父，带领南非结束了种族隔离制度、走向多种族的民主制度，更因为他那伟大的品格和宽广的胸襟。

因为领导政治运动，曼德拉曾被当局囚禁了整整 27 年。在这漫长的 27 年里，苦难的牢狱生活没有击垮他的意志，反而使他的意志变得更加坚强，使他的心胸更为豁达。出狱后，面对囚禁了他 27 年的白人，他选择了宽恕，而不是耿耿于怀地怨恨。1994 年 5 月 10 日，曼德拉在大选中获胜，成为南非第一位黑人总统。当时尚为美国第一夫人的希拉里·克林顿出席了曼德拉的就职典礼。当希拉里询问曼德拉是如何在波谲云诡、惊险环生的政治斗争中保持一颗宽容的心时，曼德拉说出了那句他最为人所称道的举世名言："当我走出囚室，迈过通往自由的监狱大门时，我已经清楚，自己若不能把悲痛与怨恨留在身后，那么我其实仍在狱中。"

曼德拉的精神，对于希拉里有几多震撼和感染，旁人不得而知。人们看到的是，面对当时陷身于绯闻和遭遇弹劾风波的丈夫，希拉里最终放下怨恨，选择了宽恕。她的包容，给了克林顿莫大的支持，也使得濒临破碎的家庭得以维持。

面对伤害过自己的人，如果我们不能“把悲痛和怨恨留在身后”，任由这些负面情绪啃噬我们的精神，只会扭曲自己的心灵，使自己深陷其中、苦不堪言，这无疑是用别人的错来惩罚自己。宽恕别人，也是放过自己。如果不去宽恕，那么其他的选择会给我们带来什么呢？以牙还牙地报复，只会令自己陷入冤冤相报何时了的恶性循环；不断回望曾经受过的伤害，只会让自己的伤口始终无法愈合，伤势愈重。

良好性格修炼术

很多时候，我们受到的伤害并没有我们想象中严重；我们的“敌人”，也没有我们臆想中可恶。心中放不下曾经的伤害，一意怨恨，或伺机报复，最终只会伤了别人，也害了自己。学会宽恕、懂得包容，才是女孩解放心灵、轻装上路的最佳选择。

1. 平心静气，不急不躁

面对他人的挑衅或打击，女孩要尽量保持平和的心态；面对突如其来的变故，女孩也要冷静沉着，坦然以待。你的不动声色，往往会令对方再无可乘之机；你的心平气和，也会令你更容易去宽恕、去原谅。

2. 一笑而过，率性洒脱

很多事情之所以给我们带来巨大的影响，是因为我们自己将它看得太重。很多伤害之所以给我们带来难以忘却的痛苦，是因为我们自己太过在意。因此，女孩只要洒脱一些，乐观一些，遇事微微一笑，事后不去诸多计较，就会发现，那些所谓的伤害，往往也是雷声大雨点小。

3. 让自己更加强大

我们所提倡的宽恕，是指当你有能力报复他人时主动选择的原谅，而不是本就毫无还击之力时被迫采用的阿Q式的精神胜利法。所谓“止戈为武”，我们首先要有“戈”，才有资格选择止戈。受到伤害后狼狈逃走，事后宽慰自己说这是因为心胸博大，这样的行为与思维方式，只会让我们更加软弱，更易招人欺凌。遭人打击，受人凌辱，每一道伤口都应该化为坚硬的疤痕，让我们的成长之行更加迅速。当我们强大到令对手无可奈何时，你会发现，高高在上的你，早已懒得理会对手昔日的作为；你的目光，早已看向更高更远的地方。

知识点链接

女孩要学会宽恕，懂得包容，很多时候，应多去换位思考。当女孩与他人有了冲突或摩擦时，当女孩难以理解对方的言行时，不妨多站在对方的角度思考问题。女孩应更为全面地考虑对方的性格、思维方式、生活环境、成长背景等因素，加强双方之间的交流与沟通，以一颗真诚的心，来换取对方的信任，以期达到相互理解、相互包容的目的。

让爱心在自己心灵深处生根

爱心，是宇宙最温暖的阳光，是世上最美丽的花朵，是人间最珍贵的宝藏。爱心，能让孤独的人感到慰藉；爱心，能让颓废的人振作精神；爱心，能让绝望的人重燃希望；爱心，能为这个世界创造种种奇迹。

“只要人人都献出一点爱，世界将变成美好的人间。”婉转的歌声，唱出了人们对于爱心的呼唤，道出了爱心对于世界的影响。拥有爱心的女孩，是美丽的；传播爱心的女孩，是伟大的。爱心，人人都应该有，人人都可以奉献。它不拘于哪种形式，也不囿于何种程度，它存在于生活的点点滴滴中，它蔓延在人们的一言一行里。

《爱之链》是美国作家杰尼·巴尼特的著名作品，小说讲述了一个爱心传递的故事。

乔伊失业后，每天都开着他破旧的汽车四处寻找工作，却总是一无所获。这天，他从早奔波到晚，依旧只能失望而归。经过那条回家的乡间小路时，他遇到了一位面带愁容的老妇人，询问之下，才知道老妇人汽车爆胎了，被困在这里。乔伊知道受困的滋味，因此毫不犹豫地忙碌起来，替老妇人换好了轮胎。在换轮胎的过程中，他甚至弄伤了自己的手。老妇人感激之余，忐忑地问乔伊需要多少报酬。乔伊愣了片刻，便拒绝了老妇人的好意。在他心中，为需要帮助的人做些力所能及的事，是理所应当的。他对老妇人说，以后如果遇到有困难的人，给他一点帮助就好，这就算是给乔伊的报酬。

两人分别后，老妇人驾车来到了一家乡间小餐馆。餐馆的老板娘已大腹便便，行动不便，却仍要辛苦地工作。这时，老妇人想起了乔伊的话，于是，她用完餐后，留下一笔可观的钱，便不辞而别。老板娘过来收拾餐桌时，看到了老妇人留下的钱和纸条。纸条上写道，自己曾经受到过别人的帮助，因此现在希望能够为老板娘做些什么。老板娘既激动又感动，顿时满眼是泪。她回到卧室，看到回来的丈夫已经疲惫得沉沉睡去，忍不住吻了吻他的脸，说道，“一些都会好起来的，乔伊。”

正如故事的题目，爱心就像一条锁链，在人们你来我往的善举中源源不断地传递下去，并将所有心中有爱的人紧紧相连。心中有爱的女孩，会用她温暖的善意感动、感染身边的人。当她周围的人感受到她的温暖，受其感召开始爱心接力时，整个世界，将不断绽放出更多爱的花朵。

良好性格修炼术

每个女孩都是善良的天使，每个女孩心中，都蕴藏着无穷的爱的力量。那么，在日常生活中，女孩该如何献出自己的爱心呢？

1. 勿以善小而不为

提起“爱心”，不少人总是会将它夸张化、扩大化，有人认为捐了巨款才称得上有爱心，有人觉得救黎民于水火才算得上作奉献。其实，大爱无形，大爱无疆，每一个饱含爱心的善举，每一点秉持爱心的付出，都可称为人世间的大爱，都蕴含着美化世界的力量。公车上主动给需要的人让座，是一种爱；捡起马路上的垃圾丢进垃圾桶，是一种爱；开车时在没有红绿灯的路口主动避让行人，是一种爱；帮助迷路的孩子找到回家的路，也是一种爱。我们不能因为这点点滴滴的小事“不起眼”就忽视，就不去付出。滴水成海，所有伟大的成就，都来自细微的积累，爱心也不外如是。

2. 为他人做些力所能及的事

遇到需要帮助的人时，我们应主动伸出援手，为对方做一些自己力所能及的事。诚然，年轻的女孩无论在力量上还是在处理问题的经验上都难免有所欠缺，总有力所不逮之处；但女孩依旧可以用自己的方式，为他人提供一些帮助。例如，在上述的故事中，为老妇人更换轮胎，恐怕是女孩爱莫能助的事；但女孩可以替腿脚不便的老妇人奔走一番，为她找来能够提供帮助的人。

3. 主动一点，热心一点

生活中，当我们遇到面带窘迫而又有苦难言之人时，在条件允许的情况下，女孩应当主动一些、热心一些，在表示关怀后，耐心询问对方是否需要帮助、需要怎样的帮助。长此以往，这种有意识的主动，便会慢慢转化为潜意识中的习惯。当奉献爱心成为一种习惯，那么，无论多么无足挂齿的举手之劳，经过日积月累后，都能汇集成爱的海洋。

知识点链接

虽然古人流传的许多唯心观点已遭到现代文明的反驳，但“相由心生”这一说，却得到了现代科学的肯定。当然，现代科学中所指的“相”，是指一个人的精神世界所孕育出的个人气质。我们不难发现，即便是出生时五官几乎相同的双胞胎，经过成长，经过岁月的历练，两人的容貌也会因为各自不同的心态而渐渐产生差异。

科学家经过调查发现，一个心中充满爱、乐于奉献的人，因为心态温和，所以通常面带微笑，神情可亲可爱；一个只懂索取、不愿付出的人，他必然心事重重，终日算计，这样的人，大多愁眉不展，脸色晦暗。

用微笑赢得全世界的微笑

成功学大师戴尔·卡耐基说：“笑容能照亮所有看到它的人，像穿过乌云的太阳，带给人温暖。”如果说微笑是世界上最可爱的表情，相信99%的人都会同意；如果说微笑是世界上最美丽的语言，大部分人也会赞同。微笑，就像一阵春风，温暖着心灰意冷的人，令他们重新振奋；微笑，就像一缕光明，指引着陷身痛苦的人，令他们找到出路；微笑，就像一束阳光，融化着人们心中的隔阂与障碍，让人们心更贴着心，情更系着情。

丽娟岁数不大，成绩可不小。进入公交公司只有3年的她，已经连续两年被评为售票员中的“服务之星”。每当同事来向她“讨经”时，她总是大方地说：“微笑就是我的法宝。”

不错，帮助丽娟过五关斩六将的夺冠利器，正是她的微笑。每个坐过丽娟这辆车的乘客，都会为她的微笑而心生暖意。每一天、每一趟、每一站，只要丽娟还守在自己的岗位上，她就一直微笑着。微笑着劝年轻人给老幼病残让座，微笑着劝大家不要因为拥堵而急躁；微笑着劝乘客抓好扶手、不要只顾着看手机；微笑着劝乘客们在车厢内相互礼让；微笑着劝没有买票的乘客及时买票……她的微笑，让每个乘客在早出晚归、行色匆匆的一天中，感受到几多慰藉。

她的微笑，也让经常坐她这趟车的人越来越喜欢她，与她越来越亲近。一天，一位已经与她十分相熟的大妈拿了一个保温瓶给她，让她赶紧喝。她笑了笑，问道："马大娘，今天怎么这个点出门？平时去老年大学不都是坐下午那趟车吗？"

"我不出门。"马大娘摇了摇头，"昨天听你嗓子已经哑得快说不出话了，回家赶紧让老头子给你配了这个独家秘方，润嗓清喉，效果可好了。你快喝吧。我下站就下车，再坐回去。明天我再给你拿一瓶来，把这个瓶换回去，再给你带。"

丽娟一时感动莫名，竟湿了眼眶。她从马大娘手中接过保温瓶，叠声道谢后，喝了一口，口中顿时洋溢起缕缕甘甜之气。

拿破仑·希尔说，"真诚的微笑，其效用如同神奇的按钮，能立即接通他人友善的感情，因为它在告诉对方：我喜欢你，我愿意做你的朋友。同时也在说：我认为你也会喜欢我的"。微笑，让女孩在人际社交中更加游刃有余，更易赢得人们的青睐；也让女孩在向世界传递爱心时更加得心应手，更易表达自己的善意。善良的女孩、聪明的女孩，保持微笑吧，你的微笑，是世上绝美的风景；你的微笑，是人们钟爱的神韵。

良好性格修炼术

学会微笑，女孩就学会了与人示好；保持微笑，女孩便能赢得全世界的微笑。然而，微笑也有一定的技巧，也要掌握一定的法门。女孩若想笑得更加迷人、更加自信美丽，可以参考专家的建议，多作练习。

1. 放松唇部肌肉

这个步骤最为简单，但需要女孩认真仔细、着意完成。练习时，女孩从低音的"哆、来、咪"到高音的"哆"，逐字逐字地说出来，说完三遍为止。在说时，注意不要连续、快速地说，而要每字停顿，力求吐字发音的清晰准确。同时，在说每个字时，要保证嘴型正确，动作完整。

2. 学习空姐“咬筷子”

很多空姐培训班辅导学员练习微笑时，经常会让学员咬筷子，这种方法可以为练习微笑的女孩所借鉴。练习时，女孩用门牙轻轻咬住筷子，对镜校正，两边的嘴角翘起，不仅嘴角要对准筷子，连接嘴唇两端的线也要和筷子处于同一水平线。确定找到最适合自己的笑容后，尽力维持这个状态。10 秒之后，抽出筷子，继续保持这样的笑容。

3. 勤加练习，熟能生巧

通过咬筷子找到最适合自己的笑容后，女孩可对着镜子反复做出这种笑容，每次维持微笑状态 30 秒。只要勤加练习，肌肉便会形成记忆，记录下你最美的方式。此后，女孩再展露笑容时，便是习惯成自然，不会再显得僵硬、刻意了。

知识点链接

美国作家 F·H·曼狄诺曾提出“曼狄诺定律”，即微笑可以换取黄金，他提倡人们多多微笑。在人际交往中，微笑有着巨大的力量，它是最好的语言，令你不着一言而打动人心，润物细无声；它也是最好的“润滑剂”，为你轻松地化解纷争、解决矛盾，无形中拉近人们的心灵距离。微笑是上天赐给人类的权利，是我们能够赠予他人的成本最低却也最无价的礼物。

勿自满，常怀一颗谦虚的心

谦虚，不止是一种外在的态度，更是一种内心的境界。一个人不因为某些成就而得意忘形、不因为几次失败而一蹶不振，始终保持心态平和，才能称得上真正的谦虚。

每当别人问起赵总成功的秘籍时，他总是说淡淡地一句，自己成功的起点，是初中班主任的那一番语重心长的教诲。

“记得上学的时候，班级的后墙上一直挂着几幅名人名言的书法条幅。”这天午休时，赵总被好奇的员工们缠得实在推托不了，只好将那段对自己影响深远的往事和盘托出。

“那些书法条幅里，其中一幅就是‘谦虚使人进步，骄傲使人落后’。那时刚从小学升初中，年纪小不懂事，除了在班会上按照老师要求背诵外，我对那句话的含义并没有多么深刻的认识。

“初一下学期，我连续两次月考都得了班级第一，并且代表学校参加数学竞赛，得了全区第二，是本校代表里成绩最好的。那时候，从老师到同学，都经常夸我，有时连其他班的学生看见我也会说‘这就是咱们学校数学竞赛最牛的那个’。那时，虽然我嘴上还在假装谦虚说没有什么大不了，但内心已经开始膨胀，当时走路都是飘的。因为觉得自己基础好，所以上课也不认真听讲了，回了家要么是玩，要么是看课外书，偶尔还会嘲笑一下那些努力学习的同学。

“就这样玩了两个多月，期末考试时，我遭遇了滑铁卢，除了擅长的几门成绩还不错外，总分排名从第一跌到了第十九名。我很郁闷，很多同学的成绩之前明明比我差很多，怎么会这个样子！

“后来，班主任把我叫到办公室，本以为这下肯定会被狠剋，但是她语重心长地对我说，其实她早就看出来我有点飘飘然了，她带过很多届学生，我这种状态是多数人成长过程中都会经历的阶段。如果不让我自己吃到苦头，我永远不会知道问题到底出在哪里，也不会知道给自己造成的影响有多大。

“最后，班主任对我说，不要以为别人比自己差很多就可以飘飘然失去动力，尽管每个人的基础不同、先天条件也不同，可是在你享受被人赞美的喜悦时，其他人依旧在后面不停地追赶，而你还停留在原地，终究会被别人超越，这就是骄傲的代价。

“从那以后，我一直将那次的成绩单贴在案头，将班主任的话牢记心间。直至走出校园、进入社会，再到开办公司，取得了一点小成绩，我都不敢再让自己‘飘’起来。毕竟，那时的我，只是个孩子，付出的代价只是一次考试的失败；而越长大，失败后所要付出的代价就越大。现在的我，如果再因为骄傲自满忘乎所以，那么，恐怕连你们也会受到牵连。因此，我终生感激老师的教诲，她让我及早地认识到了骄傲是多么可怕。”

大家听了，不禁连连点头称是。

赵总的经历，让我们看到了骄傲自满的危害，体会到了谦虚的重要性。而谦虚中所蕴含的无穷力量，我们可以从居里夫人的身上得到的验证。由于发现了钋（Po）和镭（Ra）这两种天然放射性元素，居里夫妇获得了1903年的诺贝尔物理学奖。成名后的居里夫人依然十分谦虚低调，她毫无保留地把自己的成果和科研过程分享给大家，并且说，这些成果不是我们个人的，而是属于全人类的。

有人研究发现，大部分诺贝尔奖的获得者在得奖后，他们在科研方面的进步明显放缓，这很可能是因为他们在获得最高成就后心态上发生了一些微妙的变化。而居里夫人在获奖之后继续醉心于科学研究，并在1911年再度获得诺贝尔奖；同时，她也是唯一一位在不同领域两次获得该奖项的人。可见，她的谦虚不止体现在嘴上，更落实到了行动上。也正是因为如此，她才能不断前进，并赢得了世人的尊重，就连伟大的爱因斯坦都称赞她是一个品格高尚的人。

良好性格修炼术

谦虚不仅是口头上的客气，更是一种美好的品格，它能使我们成功时不得意忘形，失败时不自暴自弃。那么，女孩要如何做，才能培养这种品格呢？

1. 要有超然的心态

在这一点上，居里夫人依旧是世人的楷模。纵观居里夫人一生，她共获得各种奖金 10 次、奖章 16 枚、名誉头衔 117 个。一次，她的一位朋友来看望她，看见她的小女儿正在玩一枚金质奖章。朋友很吃惊，说这是至高的荣誉，怎么能随便让孩子玩呢。居里夫人很平静地说：“我想让孩子从小就知道，荣誉就像玩具，只能玩玩而已，绝不能看得太重，否则就将一事无成。”

2. 善于倾听，虚心请教

认真倾听别人的话是一种礼貌，同时，在倾听的过程中不断思考，能够让我们及时发现自己的不足，有机会主动向人请教并加以改正。这样既体现了尊重他人的良好修养，也完善了自身。

3. 不要把成绩当成包袱

我们可以用取得的成绩为自己增加自信、喜悦，但不能使之成为轻视他人、骄傲自矜的理由。否则，荣誉就会成为包袱，让人满足于现状，失去前进的动力。

知识点链接

达·芬奇说：“微少的知识使人骄傲，丰富的知识使人谦逊。”无论身处什么样的环境和地位，只有保持谦虚谨慎，才能取得不断的进步；只有以一颗平常心对待别人，才能赢得更多的尊重。

第10章
磨炼淡定从容的性格：保持清醒，别让冲动的魔鬼附身

通常情况下，女孩比男孩更擅长执行已经制订的计划；但同时，很多女孩也容易把带有个人感情色彩的情绪带入生活和学习中，形成所谓的“非理性思维”，以致影响学习、社交甚至工作。每一个成长期的女孩，都应该有意识地培养平和的心态、学会客观理性地看待问题，这样才能在竞争中脱颖而出，才能令自己的生活更自在、从容。

冲动是魔鬼，冷静似神仙

我们在生活中，难免会遇到一些烦心事，有时甚至会与人产生矛盾冲突。尤其是对于十几二十岁的年轻人来说，当他们头脑发热的时候，格外容易被激怒，以致发生一些冲突性事件，甚至造成难以挽回的后果。

正在上高三的小易，和女生小草不仅是同学，还同住一个小区，两人每天一起上学、放学，关系颇好。隔壁班的安子一直很喜欢小草，听说了这件事后，他约上几个男生，一起在男生厕所门口围堵小易，扬着拳头恐吓他，叫他远离小草。眼见对方人多势众，小易双拳难敌四手，当下只能吞声忍让。然而，他的心里却一直憋着一口气。

一天放学时，看到安子独自一人走出校门，小易立即跟了上去。看着安子吊儿郎当的背影，小易心里深藏已久的怒火顿时点燃，他从路边捡起一块砖头，猛地向安子的后脑勺砸去。霎时间，安子捂着脑袋倒了下去，身下迅速汇成一片血泊。小易闯了祸后，吓得拔腿就跑，幸亏路人经过，及时将安子送到了医院。经过抢救，安子虽然捡回一条命，但昏迷多日，还留下了严重的后遗症。

后来，小易因此被判处有期徒刑 10 年，为自己的冲动付出了高昂的代价。

而作为女主角的小草，则因为这件事被同学说成脚踩两只船，两个男生是为了她争风吃醋，才造成如此的后果。因为不善于解释，她一直被人指指点点，情绪压力很大，学习成绩也一落千丈，最终没能考上理想的大学。

这场闹剧里没有赢家，也没有一个人保持理性。安子的争风吃醋式的举动、小易头脑发热般的报复、小草的不善言辞与耿耿于怀……三个年轻人一生的命运就此改变。

年轻气盛，是每个人尤其是年轻人必然会经历的阶段，但同时也是一段最好的磨炼期。在这个过程中，我们要把遇到的人和事都当成一种考验，学会控制自己的情绪，时刻保持冷静，也就是所谓的理智。当人无法控制自己的情绪时，就会如一艘摇摆不定的船，一点点风浪都可能使之倾覆，理智正是人们驾驭人生这艘小船走向成熟的方式。

对于女孩而言，淡定从容的心态十分重要。面对误解，解释时应自信从容，不解释也同样要做到平和。只要问心无愧，就无须被别人的言语影响情绪。我们要学会掌握情绪而不是被情绪掌控，这样才是真正的自信、真正的淡定从容，才是保持生活安定、快乐的最好方式和态度。

良好性格修炼术

许多年轻人都容易感情用事，尤其是生来感性的女孩，更容易冲动、感情用事。所谓感情用事，并不一定都体现为脾气来了开口就骂、挥拳就打，很多时候，这种心态很容易成为一种无法调和的情绪，主要体现为内心对某个人、某件事的固执偏见，也就是我们常说的任性。但是，身为社会中的一员，我们每个人都肩负着相应的社会责任，无论说话、做事，都不能为所欲为。如果我们不能用理性约束自己，则很有可能造成严重的后果，做出让自己懊悔一生的憾事。

女孩想要控制自己的情绪，不让自己感情用事，可以从以下几个方面着手。

1. 避免自我刺激

医学和心理学上都有一个名词叫“兴奋灶”。心理学的兴奋灶是指人体发生条件反射或者情绪变化时，大脑皮层所产生的兴奋点。悲伤、忧愁、愤怒等情绪的刺激都可以引发大脑皮层中兴奋灶的产生。如果我们在日常生活中能意识到这一点，在情绪变化的过程中掌握自我调节与抑制的方式，保持心态上的平和，给情绪降降温，便能很快从消极的情绪中解脱出来。例如，苦闷、烦恼来临时，尽量不要去想引起苦闷的事，而应分散注意力，如听音乐、看电视、阅读小说等，都是转移自己注意力、避免自我刺激的好方法。

2. 学会给情绪降温

冲动来临时，我们可以用自己的文化素质和思想修养来抑制负面情绪，这同时也是锻炼理智和意志力的好方法。古希腊的著名科学家阿基米德就是以醉心科学研究的方式来控制情绪的；清代名臣林则徐性情刚烈火暴，为此在自己房中悬挂了一幅“制怒”的条幅，就是为了提醒自己时时保持理智、冷静。著名喜剧《武林外传》中的吕秀才则直接教郭芙蓉说“世界如此美妙，我却如此暴躁”，这虽是无厘头式的表演，却也告诉我们要学会用合适的方式给自己的情绪降温，保持冷静。

3. 用合理的方法宣泄负面情绪

每个人的忍耐都是有限度的，当负面情绪积累到一定程度时，我们就需要用合理的方式宣泄出来，以免让心理压力影响身体健康，如运动、呐喊等，都可以让我们的负面情绪得到宣泄。当然，在宣泄时，我们应注意场合，不能给他人带来困扰。

知识点链接

下面为大家介绍几种合理发泄负面情绪的方法：

1. 运动流汗法

大部分人在情绪低落时不爱运动，喜欢一个人闷在角落里，却往往发现越是这样情绪越差。这是因为相对密闭的空间使得注意力无法分散，负面情绪依然在不断地积累。这个时候，与其闷在房间自怨自艾，不妨试试戴上耳机出去跑步、登高远眺；或者打一阵痛快的拳击、一场酣畅的篮球。大汗淋漓之后，你一定会觉得情绪松弛了不少；同时，运动也有效促进了身体的血液循环、新陈代谢。

2.跟朋友聊天

难过时，我们可以把自己的伤心与愤怒诉诸和亲朋好友的聊天中。老辈人总爱说“有什么事说出来，别憋着”，这是很有道理的，因为不开心的事会增加心理负担。把烦恼倾诉出来，不仅能得到别人的安慰、关怀，而且在被开导过程中，你也许能找到解决问题的方法；同时，还能在与亲朋好友的交流过程中增进彼此之间的亲情或者友情。

3.大吵大闹不如大哭大叫

有些人在有负面情绪时喜欢找茬跟人吵架，认为这是一种发泄渠道。然而，吵闹并不能起到什么效果，甚至还会令自己变得更加暴躁。因为，在吵闹的过程中，自己也会因对方的言语而发火，从而产生新的负面情绪。所以，吵闹不但不能释放原有的情绪，还会令自己徒增烦恼。与其跟别人吵闹，不如找个没人的地方或者登上山顶放肆地大喊几声，把郁结的情绪发泄出来；或者干脆痛快地哭出来，“让眼泪带走忧伤”。科学研究表明，哭泣能有效缓解人的烦恼和紧张情绪，使机体平衡，所以哭出来也不失为一种很好的发泄情绪的方法。

不要一冲动就失去自我

冲动是一种比较容易直接产生负面效果的负面情绪。在我们的生活和工作中，难免会与他人产生一些摩擦和误会。面对这种情况，有些人会想方设法地用合理的手段化解这些误会；有些人对此一笑置之，不多作理会；还有一些人，则会因为头脑发热或者感情用事，做出一些鲁莽的举动，以致造成不良的后果。

牛小花高中毕业后，从农村来到城里，进入一家四星级酒店做服务员。虽然是酒店里最底层的员工，但是小花一想到自己的低学历，就觉得能够进入这家高级酒店已经十分幸运，因此不以为苦、反以为乐。和小花同期进入酒店工作的，还有一个人如其名的美丽女孩——姜丽丽。姜丽丽因为出众的容貌很快受到大家的欢迎，逐渐变得骄纵起来。

很多人利用国庆假期出门旅行，酒店行业也就此迎来接待小高峰。今年国庆期间，酒店接了几个旅行团的单子，大家一下子变得忙碌起来。其中一个旅行团入住酒店的第二天，一件意料之外的事发生了，所有服务员都被叫到了办公室。原来，有个客人的玉镯不见了，这个玉镯是她昨天在商场给母亲买的礼物，十分昂贵。听说了这件事，一时间，整个办公室的气氛都紧张起来。经过排查，最后发现，昨天进入那位客人房间的只有牛小花和姜丽丽。于是，经理遣散众人后，将她们两人留了下来，说要仔细盘查。两人力图自证清白的话语，在经理听来毫无意义；更何况，客人还在房中愤怒而焦急地等待着检查结果。无奈之下，经理只好搜查了牛小花和姜丽丽的私人物品。结果可想而知——忙碌了半天的经理一无所获。

眼看自己洗刷了不白之冤，牛小花十分开心，不再多言；而姜丽丽则对此十分不满。她认为那位客人不过是因为瞧不起底层的服务员，才故意刁难她们，因此一走出办公室就找了个熟人，当着熟人的面大骂了客人一通。然而，当天下午，牛小花和姜丽丽又接到了停职通知，酒店希望她们能回去休息一周，以此安抚客人的情绪。这下姜丽丽彻底爆发了，她不顾同事们的劝阻，愤怒地冲到经理面前，好一番大吵大闹。接着，还未等经理开口解释，她又跑到酒店大堂，扯开嗓门大骂起来，说什么经理滥用职权不是人、酒店不顾员工死活没良心，还要顾客们看清楚酒店的真面目，提醒他们这样的酒店是不会对客人负责的……围观的顾客先是听得目瞪口呆，继而交头接耳起来，到后来，竟有不少顾客十分赞同姜丽丽的话。

一周后，客人准备离开，在收拾行李时找到了自己的玉镯，客人随即向酒店方面致歉。重返岗位的牛小花因为平时表现好，加上在这次事件中顾全大局，被经理提升为组长；而遭遇同一事件的姜丽丽却被辞退了。原来，那天姜丽丽在酒店大堂大闹一场之后，有顾客把视频发到网上，很多不明真相的网友的转发和谴责让酒店形象严重受损。而且，经理认为，姜丽丽作为服务行业的从业人员，控制不住自己的情绪，不能做到顾全大局，迟早会为酒店惹来更大的麻烦，所以以她不适合这份工作为由，辞退了她。

很多时候，人的情绪和心态容易受自身经历和外界环境的支配，有时是因为过度自负、有时是因为对自身或者职业的自卑而导致心态失衡，使得一点点小事都能成为情绪爆发的诱因。就像故事中的姜丽丽，本来已经洗脱了嫌疑，经理的做法也只是为了给客人一个交代。牛小花可以坦然接受，而姜丽丽却认为是因为自己身份低微，才会被客人鄙视在先、被经理刁难在后，所以冲动地跑到大庭广众之下口不择言，最后不但没有解决问题，反而丢了工作。其实，工作中的种种误会、压力，人际关系中的矛盾与摩擦，这些问题都是我们生活中再平常不过的事，几乎每天都在我们身边上演，关键是我们以什么样的心态去面对。姜丽丽并不是一个坏女孩，她跟很多人一样勤勤恳恳；但可惜的是，她的内心长期以来对自己的工作有一种自卑感，这种自卑导致她无法面对工作中出现的正常情况，总是一味地认为自己被人轻视。也正是这种长期失衡的心态，使得她在接连两次遇到对自己不利的事情时变得冲动、做事失去理性。而牛小花则依靠平和、坦然的心态改善了自己的工作环境，并且有可能就此改变之后的人生际遇。

良好性格修炼术

“在开口之前，先把舌头在嘴里转十圈。”这是俄国文学家屠格涅夫劝人不要随便冲动时说的一句话。冲动像是一把空中掉落的刀子，未必能伤得了你的敌人，却有可能误伤了自己。凡事口中留半刻、脑中思三分，这并不表示你的反应比人慢，反而意味着你比其他人更加稳重。尤其对于女孩来说，不轻浮、不躁动，能大大提升自己在别人眼中的印象分。那么女孩如何控制情绪、减少冲动呢？

1. 多与人沟通，勤换位思考

工作中多与合作伙伴和工作对象进行耐心沟通，不仅可以很好地减少各种误会以及误会所带来的不必要的情绪上的困扰，还可以加强人际关系，广交朋友。当误会产生时，多想想为什么，原因到底出在自己身上还是别人身上，如果把自己和对方互换位置，现在的自己和现在的他会各自有什么反应。这样的换位思考能够使我们冷静地想清问题的根源，如此也就知道事情的解决办法了。

2. 冷静情绪，直面缺点

与人在工作或者生活中产生意见分歧甚至是矛盾时，先不要急于辩论或者发火，多反思一下是不是自己哪里做得不够好。发现自己的缺点后不要回避、掩饰，因为缺点跟困难一样，都像是弹簧，你弱它就强。不要回避自己的缺点，勇敢地面对它、改正它，不要让它成为自己内心说不得的自卑、碰不得的痛处。

3. 修心养性

抽时间多读些有内涵、有深度的书籍，增加自己的文化底蕴，同时拓宽自己看待事物的角度。当一些人不断地抱怨世界充满着浮夸、虚伪、人性的贪婪和狡诈，令人愤怒时，塞缪尔却说，世界就像一面镜子：皱眉视之，它也皱眉看你；笑着对它，它也笑着看你。对于拥有这样豁达通透心境的人来说，也许冲动才是一件困难的事。

知识点链接

克制冲动并不是让我们把怒气憋在心里，甚至变得完全没有脾气、逆来顺受。克制冲动，只是要我们换一种理性思考和处理事情的方式，使一些没有必要发生的冲突在没有爆发之前便及时化解。理性是一种修养，更是一种内心的强大。

不要做一点就炸的火药桶

我们通常会发现这样一种情况，决定一个人在工作和生活中成就的往往不是学历，而是他对情绪的控制能力、意志坚定程度以及面对挫折时的处理态度，当代学者将这些归纳为“情商”。如果你不能控制自己的情绪，像只火药桶，别人一点就着，那么不仅容易得罪别人，还会为自己的人生道路平添许多变数。愤怒会让人盲目，很多时候，我们觉得发怒是把矛头指向别人，但是实际上真正的受害者往往是发怒者自己。

三国时期的名将张飞，以勇武著称，至今仍流传着他在当阳桥一声怒吼吓退百万曹兵的故事。后来，他更是在追随刘备的过程中收严颜、战马超、守汉中，立下赫赫战功，可谓威震天下。

关羽被吴国杀死后，为了替关羽报仇，刘备同张飞约定整兵伐吴。张飞回到驻守的阆中后，下令所属部队三天内备齐白旗白甲，以备挂孝伐吴。从张飞的角度来看，这一方面是由于他与关羽结义之情深厚，另一方面也暗合兵法的“哀兵必胜”。但是，到了第二天，范、张两员部将告诉张飞，数十万人的白旗白甲无法在三天内准备完成，请求宽限几日。张飞非但没有体谅下属的苦衷，反而勃然大怒，将二人鞭打至伤痕累累，并威胁若三日内不办齐，将斩下二人首级。很明显，以当时低下的生产力和运输水平，这是个无论如何都不可能完成的任务，由此范、张二人自知必死无疑，痛恨之下决定铤而走险行刺张飞，并割下他的首级投靠东吴孙权。一代名将因此落得个身首异处的结局。

这是典型的愤怒让人盲目的事例，如果张飞能理性地考虑范、张二人汇报的情况，能权衡一下任务可能完成的概率，能考虑出征之前随意责打部将的危害，断不会落得如此结局。无论什么人，无论做大事小事，做事之时如此冲动、意气用事，都是一种低情商的表现。

良好性格修炼术

人们常说："忍一时，风平浪静；退一步，海阔天空。"当我们心中的怒火就要喷薄而出的时候，最好先强制自己咬牙忍耐。在情绪失控的状态下，我们那些欠考虑的言行很容易为自己招惹麻烦，甚至引来祸端。那么，女孩该怎样做，才能做到遇事先忍耐下来呢？

1. 给自己一段缓冲的时间

当你觉得某件事或某个人已经刺痛了你的神经，让你怒火中烧时，千万不可任由自己将怒火发作出来。给自己一段缓冲的时间，可以是十几秒，可以是几分钟，并且坚决地告诉自己："过了这段时间再发火。"当忍过了这段缓冲时间后，你是不是已经没有了刚才想发火的冲动，甚至已经想到解决问题的方法了呢？其实冲动往往就是一瞬间的事，所以这段缓冲对于我们来说弥足珍贵，它可以在很大程度上浇灭你心头的火，让你的情绪平复下来。

2. 出去走走

当你感觉到自己已经难以控制自身情绪时，要立刻放空大脑，不要再顺着消极的心态思考下去。同时，你最好换个环境，先远离那个让你生出愤怒的地方，并在适当的时间内与其保持距离。你不妨出去走走，呼吸一下新鲜的空气，或是听听音乐，放松一下紧绷的神经。愤怒当头时，你什么问题也不要想，什么决定都不要作，只须迅速转移自己的注意力，待自己冷静下来后，再以理智的头脑去思考、去选择。

3. 不要太爱面子

很多人之所以在与人发生矛盾时不愿意退让，很大程度上是因为他们觉得忍让就代表了认输，认输就会损伤颜面。这种想法是十分不可取的。忍让不是认输，不是投降，而是一种修养，也是一种智慧。

知识点链接

忍是我们每个人必须学会的一项生存技能，是我们为人处世的时候一定要掌握的。忍不是懦弱，是对局势的判断与权衡。越王勾践卧薪尝胆、蔺相如退避廉颇，皆是不计较一时得失、胸怀远大的体现。忍是一种境界，也是一门学问。我们只有学会忍耐，在忍耐中学习，在忍耐中超越对手，才有一飞冲天的机会。

从容不迫，头脑清醒才能想出办法

如今，虽然城市的总体治安状况不错，但是我们在日常生活中，仍难免会遇到突发事件，有时甚至还会陷入极其危险的境地。当我们身处险境时，如果我们不能让自己快速冷静下来，而是一味焦躁、恐惧，那么非但救不了自己，反而很可能让自己处于更加危险的境地中。对于女孩来说，当你遇到突发事件时，首先要做的就是让自己尽快冷静下来。只有当你的心态恢复从容时，你的理智才能重新回归大脑，进而冷静分析、寻找对策。

22岁的杨珍珍，是一家全天候便利店的员工。这天夜里，下班后的她疲惫不堪，便抄近路回家。经过一条小巷子时，她忽然感觉到身后有人尾随。由于这条路走过多次，碰到下夜班或者晚归的人也是常有的事，所以一开始杨珍珍并没有在意。可是又走了一会儿，出了巷子拐上一条偏僻的街道，杨珍珍才发现那个人依然跟着她。她停下，感觉背后的人也停下；她走，那人也走。杨珍珍这才意识到自己很可能是被坏人跟踪了。

由于不敢回头，所以她看不到背后的人的样子，只能根据脚步声判断出是个男子。她知道，自己一个手无寸铁的女孩子，是无论如何也斗不过一个成年男人的，而且现在是深夜，这条路上都是紧闭卷帘门的店铺，她想避也无处可避。杨珍珍开始发抖，但是转念间她又想到，既然不能硬拼，那就只能试试智取了。

她做了几次深呼吸，不断地告诉自己“快冷静下来，快冷静下来”，然后，她拍了拍颤抖的手，试着拉起嘴角的弧度，努力保持微笑，随后自然地转过身，对跟在自己身后的男人打了一个招呼：“你好！”该男子见杨珍珍忽然转过身来，在片刻之间慌乱了一下，但是他很快镇定下来，两眼直勾勾地盯着杨珍珍，阴冷的眼神让人心里发毛。杨珍珍没有理会他的眼神，而是大方自然地和他聊起了天。为了打消男子的警惕之心，杨珍珍刻意和男子套近乎，不停地夸他有绅士风度，并拜托他当自己的护花使者。然后，她和男子并肩而行，像朋友一样边走边聊。

一路上，杨珍珍不断偷眼打量，发现男子始终盯着自己，似乎起初的邪念仍在其心中盘桓。于是，她便没话找话地聊到了自己的工作，说起了自己对老板的种种不满。没想到，男子居然与她同仇敌忾起来，开始和她一起痛斥老板。

两人一路骂一路走，男子也放松了警惕，似乎是暂时收起了恶意，只想一吐心中不满。不知不觉间，两人来到夜市林立的繁华地段，趁着男子不留神，杨珍珍迅速跑进了路边一家通宵营业的饭店。看到饭店里有几桌吃夜宵的客人，男子并没有跟进来，而是悻悻地向着来时的方向慢慢走去。杨珍珍立刻拨打报警电话，描述了男子的体貌特征和所在的大致方位。不到半个小时，还在附近游荡的男子便被警方抓获。

警方事后调查得知，这个男子在年初被自己的女上司以莫须有的理由解雇后，便开始强奸杀人，报复社会，专门在偏僻的地方寻找独自夜行的年轻女子下手，已经强奸并杀害6名女子了。此番杨珍珍能逃脱魔掌，连警方都觉得是个奇迹。

依靠自己的冷静和理智，杨珍珍在险境中救下了自己。由此可见，越是面临突发事件，我们越不能先失去理智、自乱阵脚。不难想见，如果杨珍珍当时不能让自己平静下来，而是崩溃地大喊大叫或拔腿就跑，那么势必会激怒犯罪嫌疑人，后果将不堪设想。

衡量一个人情商的高低，可以看他遇事能否保持镇静和理性，这是一个重要的考量标准。拥有高情商的女孩，无论在多么复杂险恶的环境中都能保持冷静，她们从不会因为冲动、害怕而把自己置于危险的境地。

良好性格修炼术

遇到突发事件时，很多女孩都难以像杨珍珍那样迅速让自己冷静下来，掌握主动权。恐慌、不知所措、大喊大叫，是大多数女生在遇到突发事件时的惯有反应。然而，这种错误的做法，除了令我们的处境更加危急外，于我们毫无益处。那么，当女孩遭遇险境时，应当如何保护自己呢?

1. 想尽一切办法，以智取胜

面对不法之徒，女孩的第一个念头应该是保护自己周全，千万不要尝试和坏人硬碰硬，切记一个基本认知：一个普通女孩在力量上是无论如何也无法战胜一个正常男人的。如果遇到的是心理变态的人，硬拼则更加危险，因为任何一个动作或任何一句话都可能激怒歹徒，让自己的处境更危险。因此，当女孩遇到坏人时，应想尽一切办法与对方周旋，用智慧为自己赢得时间。

2. 要沉着冷静

遭遇险境时，内心产生惧怕与慌乱是人的本能反应，但是，我们千万不能让惧怕与慌乱的心理停留太久，更不能任由它们浮现在我们的脸上，这样只会助长坏人的气焰。我们只有迅速让自己冷静下来、理智思考自己的处境，才能找到合适的解决办法，救自己于危难。

3. 摸清对方弱点

无论对方恶语相向还是出言轻佻，女孩首先不能被他的气焰所吓到，更不要被他的情绪所左右。坏人大多不是傻子，他心里清楚你在想办法逃脱，所以这时你更需要超强的冷静和机智，才能在应对过程中发现对方的弱点。这会大大有助于自己摆脱危险。

4. 见机行事

有时困难和危险程度会在自己的应对过程中加码，如被胁迫到偏僻陌生的地方，或者对方有了帮凶而且可能不止一个，又比如对方的情绪突然发生巨大转变等，这些情况都会使事态更加复杂。很多开始还能保持冷静的女孩在这种看似绝望的情况下会心理崩溃，做出强硬的举动，然而这样只会将自己带入绝境。此时，最重要的依然是冷静、冷静、再冷静。既不能一味地听任其摆布，也不能一味强势，而要根据目前的情况，迅速作出新的判断，见机行事，选择出新的适当的应对方法，使自己始终保持应变的主动。

知识点链接

生活有时比我们想象中美好，但很多时候也比我们想象中复杂得多，人性更是如此。对年轻的女孩来说，机会、诱惑、危险和陷阱是并存的。所以，不管什么时候，女孩都要懂得保护自己，尽量避开危险的环境，防患于未然。如果危险已然发生，切忌不要慌乱，要保持冷静，理性应对才能使自己安全地摆脱危险的境地。

建立在理智之上的爱情才稳固

美好甜蜜的爱情，让陷入其中的人感受着无与伦比的幸福，也让他们毫不眷恋地抛弃理智。曾有人说，恋爱中的女孩，智商为零。哲学家卡布尔也曾诙谐地说道：“热恋中的女人没有眼睛。”这两句调侃之语，虽说有些片面，却都揭示了一个人们不得不承认的真理：爱情会让人变得盲目、变得冲动。

越是感性的女孩，陷入爱情中，越会带着一些非理智的情绪。她们向往偶像剧中男女主角的生死相许、期待恋人对自己如言情小说中的不离不弃。这种感性，让她们对每一段恋情都怀有奋不顾身的决绝。她们坚信，爱一个人不需要理由，在爱情中，只要跟随自己心的指引，就能走向最终的幸福；在她们眼中，理智的爱不是真爱。不可否认，太过理智的情感，也许确实不是爱情，因为对爱情的冲动是人类的本能。但是，女孩应该牢记一点：失去理智的爱情，是很难稳固的；一段不稳固的爱情是否能称之为爱情，也是一个值得商榷的问题。在爱情的道路上，无论是分是合，如果失去了理智的指导，通往未来的路只会越走越窄。

今年25岁的夏竹，已经到了适婚年龄，在老家人的眼中，她早已是“大龄剩女”了。好在她并不是单身，有一个交往了两年的男友余华。余华能说会道，很会哄女孩子开心，花前月下、海誓山盟，让沉浸在爱情中的夏竹觉得这就是自己的真命天子。两人已经订下婚期，决定今年五一结婚，但是最近余华却变得犹豫了，说两人都还没有稳定的事业，尤其是自己，一个男人没有事业会让人亲戚朋友看不起，想奋斗两年再结婚。夏竹的父母本来就觉得余华油嘴滑舌不可靠，现在更是不满余华这种暧昧不清的态度。为了女儿的未来，他们让余华给夏竹一个明确的交代，但是都被余华用现在还没有稳定的事业、怕委屈夏竹之类的借口挡回去了。夏竹也替男友说话，劝父母要信任他，还背着父母把自己省吃俭用攒下的10万块钱借给男友当创业资金，这在夏竹家乡那个略偏远的小县城可是一笔不小的数目。可是余华却越来越难以捉摸，明明就在同城，却经常几天也看不到人影，对夏竹的态度也是忽冷忽热。夏竹隐隐感到不妙，但是出于对男友的信任，她告诉自己，男友在为他们共同的未来打拼，忙也是理所当然的。直到有一天，夏竹看见余华和一个陌生女人逛商场，质问之下，余华才说出真相。原来，他高中时的初恋最近和他恢复了联系，并表示希望重修旧好，所以他才变得犹豫不决。

夏竹很伤心，自己付出了全部的情感和信任，换来的只是男友的背叛。她最终选择了分手。分手后的她始终无法走出这段创伤，她不能接受海誓山盟的男友为了其他女人毁婚变心的事实，每天郁郁寡欢甚至借酒消愁。在听到余华和那个女孩的婚讯时，她服用了大剂量的安眠药自杀。幸好家人发现及时，送到医院抢救，才捡回了性命。

很多女孩和夏竹一样，都会在受到感情打击的时候感到沮丧和绝望，在理智已经被淹没的情况下，觉得生无可恋，或是放任自己萎靡沉沦。所以，一部分女孩失恋后，会呈现出两种极端：闪婚或者自杀。这都是典型的非理智性的代表，也体现出其自身的某些性格缺陷。

恋爱时冲动地对待爱情，未必能保住爱情；失恋后冲动地对待自己未来的生活乃至生命，也换不回负心汉的怜悯、换不回变质的感情。女孩们，爱情中的幸福要靠两人互相珍惜得来，绝非一人之力能够企及。如果对方不珍惜你，那只能说明你们之间不合适，你又何苦过于执着。身体和生活都是自己的，为了一个不珍惜自己的人，冲动之下做出失去理智的事，是最愚蠢的决定。

良好性格修炼术

不管是身处恋爱的甜蜜中，还是深陷失恋的痛苦里，女孩都需要保持一定的理性，懂得掌控自己的情绪。否则，女孩就会在爱情里迷失自己，看不清另一半的真实心意，也看不清自己未来的路。这样盲目的你，又如何能让自己的爱情稳固、长久呢？

那么，女孩在面对爱情时，应当怎样维持一定的理性呢？

1. 独立的女孩不盲目

物质、精神等方面的依赖，尤其是精神方面不够独立，是女孩在爱情中失去理智、变得盲目的主要原因。很多女孩总是觉得自己心灵空虚，急需找到一个寄托，这种寄托感既来自自己的情感投入，也来自一些虚无缥缈的幻想。因此，一旦她们陷入爱情里，就会失去自我，看不清或者不愿意相信真相。一个女人若是失去自我，把自己的一切都寄托在一个男人身上，那无异于一场赌博。可想而知，一旦这场赌博输掉，她会有多么的歇斯底里。

2. 自信的女孩不被动

每个女孩都应该拥有自信，尤其是恋爱中的女孩。只有充满自信的女孩，才不会成为恋爱中的完全被动者。很多女孩在陷入爱情中后，便彻底与理智“Say Goodbye”，总是寻求存在感般地当众做出一些令男友难堪的事情，在她们看来，这叫宣誓主权。因为她们不够相信自己，所以无法相信自己的另一半会忠于自己，只能不断用这种幼稚的方式来验证自己在男友心目中的分量。但在男友和外人看来，这种性格太不成熟，也并不适合交往，结果最终适得其反，女孩也只能自食其果。

知识点链接

爱情中的理智，是冷静，是客观，是不盲目、少冲动，而不是斤斤计较、睚眦必报。女孩需要明白，这两者之间有着天壤之别。

高调做事、低调做人的女孩更受欢迎

做事先做人，做好人，才能做好事。女孩要想自己高调做事、低调做人的水平迈上一个新台阶，就要学会在做事的时候一丝不苟，严肃谨慎；待人处世时低调内敛，温和婉约。生活中，低调的人往往更容易结交朋友。与人相处时，女孩不必急于表达自己的观点，而应多听听朋友怎么说，多顾及朋友的感受，抛弃虚伪、炫耀、嫉妒这些不好的念头。

我们在说话、做事前，要多考虑一下别人的感受。很多时候，自以为是的率真往往会给别人的心灵带来无可挽回的伤害。都说藏而不露方是智者所为，无论是在工作场合还是在生活中，若无所顾忌地卖弄、张扬，那么，即便你非常优秀，也难免遭人非议。多听、多看、多做，少说，才是一种成熟的处世方法。

18 岁那年，他终于盼来了人生的第一次出海。那日，晴空万里，海面风平浪静，爷爷满帆起航，边行驶边告诉他怎样掌舵，怎样撒网，怎样依据海水的颜色识别鱼群。

傍晚，在他们即将返航的时候，突然狂风大作，海面卷起惊涛骇浪，船儿在浪花的击打下左右摇摆，眼看着就要被迎面而来的浪头打翻。爷爷坚定地命令他："快！快用斧头把桅杆砍断。"他立刻抓起斧头，使出全身力气向桅杆砍去，随着桅杆倒下，船晃动得没有之前那么剧烈了，行驶的速度也慢了下来。祖孙俩这才松了口气，坐在甲板上。此刻，他不解地问爷爷："为什么要砍断桅杆？"爷爷悠悠道来："帆船前进靠帆，而升帆靠的是桅杆，刚才风浪里船行得那么快是因为我们挂了满帆。但是，巨浪之下，我们要减慢行船速度，又来不及收帆，只能把桅杆砍掉。而且，大风浪里，桅杆竖得越高，船的重心越不稳，使得行船更加危险。所以，让你砍断桅杆，降低整艘船的重心，使船能平稳下来。"

35岁那年，他拥有了一家造船公司，在他的办公室墙上有这样两句话：“竖起桅杆做事，砍断桅杆做人。”正是在这两句话的指引下，他的人生航程平稳而顺利。

这则故事给了我们一个深深的启示，那就是高调做事、低调做人。做事的时候，我们要满帆起航，充满信心，卯足力量，克服一切艰难险阻，乘风破浪，勇往直前；做人的时候，我们要降低自己的重心，尽量低调、谦虚，时刻对人生中的暴风骤雨保持警惕，才能平安、顺达。

低调做人的根本是简朴，这不仅是指生活上的简朴，更是指人格上的简单、纯良。每个人都爱与谦和、低调的人成为朋友，也愿意向谦和、低调的人倾诉。生性孟浪、爱耍小聪明的人总令人想拒之于千里之外。我们到底应该做哪种人，答案显而易见。

良好性格修炼术

淡定平和是一种美德，如果女孩能将这种美德用到待人接物中，自然会有一份惊喜的收获。平时与人相处时，女孩应尽可能让人感受到你的谦虚有礼、祥和淡然，就像那句流行语说的，低调奢华有内涵。想要做到这一点，其实并不容易，具体该怎么做，女孩可以参考以下几点：

1. 以谦和的态度与人交流

与人交流讲究平心静气，切忌盛气凌人，颐指气使。说话的语气要委婉，态度要温和，女孩若能做到这一点，表达的效果也会因此而提升。

2. 行为稳重自然

一个人的行为举止反映着他的内在修养。做事有条不紊的女孩，会在众人面前展现出一种自信成熟的风范，从而令人们加深对她的信任感和友好度。

3. 微笑是谦和内敛的招牌表情

爱笑的女孩，运气不会差。笑一笑十年少，笑一笑烦恼消，微笑能够表达和传递正能量，让浮躁的生活变得平和，让自己和他人时刻保持一份良好的心情。女孩要记住，开心的时候要微笑，不开心的时候更不能忘记微笑。微笑，能让你的心愉悦起来，同时也是对他人的一种善待。

4. 摒弃坏脾气

坏脾气不但伤人伤己，而且解决不了任何问题。有研究证明，发脾气非但不能使人感到释放与解脱，反而会增加人内心的焦虑、不安和恐惧等不良情绪。同时，乱发脾气还会给人留下蛮横无理的印象，对女孩而言可谓百害而无一利。

5. 礼貌待人

我们迈入学校，学习的第一课就是礼貌待人。虽然这是每个人都应有的基本素质，但是在现实生活中，越来越多的人开始忽视它。其实，我们如何对待别人，别人就会如何对待我们，如果想得到别人礼貌、友善的对待，我们首先要把礼貌待人作为自己为人处世的准则。

6. 用知识武装自己

“腹有诗书气自华”，读书不仅能够增长我们的知识，还能够陶冶我们的性情，提升我们的气质与内涵。一个知识渊博的人对世界、对自己都有更深刻的认识，他懂得放眼于未来无限的可能，绝不纠结于眼前的怨念。

知识点链接

低调做人，要求我们在生活和工作中以谦逊、温和的态度与人合作；但这并非是要我们处处谨小慎微，克制自己好的想法，而是要我们注意说话、做事的方式方法。在发表自己的不同意见时，过于张扬、过于率真的表达方式，往往不易于令他人接受。因此，我们不妨用一种委婉的方式、平易近人的态度，将自己的观点、想法娓娓道来。

第11章

雕琢含蓄委婉的性格：保护好自己，别太容易被人看穿

坦率直爽、待人真诚，历来被人们作为褒义词夸奖他人。然而，在如今这个人际关系越来越复杂的社会，直爽真诚的性格未必处处吃香，直来直往、脑子一根筋的人往往不是最后的赢家。作为初出茅庐的年轻人，涉世未深的女孩应学会委婉含蓄，懂得有所保留。当然，委婉含蓄不是奸猾虚伪，有所保留也不是心怀不轨，而是要女孩在刚刚步入的成人世界中，学会保护自己，善待他人。

别让心直口快伤人伤己

性格外向的女孩，往往心直口快。也因为外向，所以她们直率坦诚，而且心里藏不住事，嘴上把不住门，总是有什么就说什么，想说什么就说什么。外向的女孩活得简单，活得真实，活得率性而自我；然而，她们也往往会在不经意间得罪了他人。

林荣是一个性格外向的女孩，按道理说，性格率真、简单真实的姑娘，走到哪里都应该是十分受欢迎的，但是林荣却因为她的心直口快没少得罪人。

林荣在一家时尚杂志上班，经常能接触明星的花边新闻，同事之间私底下也爱讨论明星的八卦。一次，杂志请了一位明星来拍杂志封面，林荣和另外两个同事正好在给这位明星准备衣服，于是便聊起了这个明星的八卦，林荣说：“我看他前不久的离婚传闻十有八九是真的，你看他和他的助理多暧昧。”其中一个同事见林荣说得太大声，引来了那个助理，便让她别说了，然后赶紧去拿衣服了。林荣看同事走了，心里嘀咕道：“大家前几天不都是这么说的吗？这会儿怎么变了？”

过了几天，林荣被经理直接从棚内调到了办公室。一天，林荣进办公室的时候，正好看到有个女同事上完厕所裙子被别在了里面，便好心提醒了那位姑娘，姑娘听完，满脸通红地去了厕所，回来之后一脸若无其事地回到了座位上。林荣想着她一定是害羞了，便拍了拍她的肩膀，大咧咧地说：“没事，大家都是女生，放心，我不会把你内衣露出来的事说出去的。”结果当然是全办公室都知道了，那个小姑娘恨不得找个地洞钻进去。经过这件事，那女孩对林荣也是唯恐避之不及了。其他同事也算是对她的心直口快有了一定的了解，也渐渐疏远她了。

年底的时候，杂志社裁人，林荣自然成了众矢之的。

在我们身边，不乏林荣这样心直口快的女孩。她们热情洋溢、心存善念，却总是好心办坏事，或是在不知不觉中得罪他人。心直口快本没有错，主动帮助他人、提醒他人更是一种美好的品质；然而，若不讲究场合和方式，一味地直来直往、率性而为，不仅会事与愿违，还可能为自己招来许多不必要的麻烦。

良好性格修炼术

生活中，心直口快对一些事情的处理、对某些状态的沟通，能够起到化繁为简的作用，让事情解决得干脆利落，提高效率。然而，更多时候，逞一时口舌之快却只会制造出无穷无尽的麻烦，让性格直率的女孩满头是包。因此，无论你的性格多么外向，多么直率不拘，都要牢牢记住，不是任何时候都能放任自己的心直口快。

1. 开口之前，要有相当的了解

任何事情都有个前因后果，当你要对某件事、某个人作出评价或发表自己的意见时，应首先对其有一定的了解。遇事略知皮毛便口无遮拦，很容易触及雷区，引人反感，令自己陷于不利的境地。

2. 开口之前，要看清楚场合

人际交往中，心直口快的说话方式并不是被绝对禁止的。只要女孩懂得分清场合，因时制宜、因地制宜，那么在合适的场合坦率对人、畅快发言，也无可厚非，并且能够让彼此的交情更加深厚。而在不适合有一说一、有二说二的场合，女孩则需要学会三缄其口、三思而行。

3. 开口之前，要了解对方的大致性格

心直口快不仅要分场合，也要分对象。对于那些本身性格较为爽朗，且与你之间心无芥蒂、不存在利益关系的人，在合适的场合，女孩可以洒脱一点，用你们都喜欢的交流方式展现自我，表达心意。而对于那些性格内向、心思深沉或惯于羞涩、承受力较差的人，女孩则更适宜选择含蓄委婉、温和有礼的相处方式。

知识点链接

严格来说，心直口快并不是什么太严重的问题，也算不上多么大的罪过，很多时候，只要运用得体，注意场合，也能为我们带来裨益。例如，在职场中，幸运的你遇到了一个开明的领导，愿意与你单独讨论工作方面的问题。因为领导的涵养与眼界，所以即便你与他吵得不可开交，他也不以为忤，只要你的出发点是为了公司的利益。这个时候，直率地表达能够提高沟通的效率，令双方的交流更加顺畅。当然，这样的沟通方式也仅限于私下里，仅限于领导的办公室内。当办公室的门打开时，你就要懂得恢复上司与下属的相处方式，维护上司的尊严与威信。

留点神秘，不被男人轻易看透

容易到手的东西无论本身多么优秀，都难以让人长久珍惜；反而是那些求之不得的东西，往往让人欲罢不能——明明知道这是人类的一种劣根性，很多人依旧无法摆脱这种心理的控制。尤其在两性交往的过程中，人们那种“求之不得心常爱”的状态，更显突出。

“雾里看花”之所以美，之所以让人迷恋，就是因为雾中的花让人看不透、摸不清，给人一种朦胧的神秘之感。在我们身边，那些充满魅力、让无数男人为之疯狂的女性，无论是相貌姣好还是身材曼妙，都有一个共同点：她们始终维持着自身的一些神秘之处，让男性充满了探险、追逐的欲望。

谭明是一家程序公司的主管，不仅多金、长得不错，性格也很好。卢瑶是谭明新聘的助理，每天对着这样一个优质男人，她很快便产生了爱慕的情愫，但是两人差距太大，所以卢瑶一直不敢表露自己的心意。但是让卢瑶没想到的是，周六卢瑶和闺蜜在家玩的时候，居然收到了谭明邀她周一一起上班的短信。

“你呀你呀，就这么一点矜持都没有，就答应啦！”欣怡是卢瑶的闺蜜，见她被谭明迷得神魂颠倒的，连基本的判断力都没有了，觉得很无语。

“那可是我的男神耶，要是我不答应，人家不和我一起吃饭了怎么办？”卢瑶很兴奋地说。

“但是你这样，会让男人觉得你太好追，对你没好处。”欣怡很无奈地说。

“哎呀，没事的，快帮我看看，周一上班穿什么好？”卢瑶对欣怡的话不以为然，光是想想周一要和谭明一起上班，她就已经兴奋得要睡不着啦！

“你要是真想抓住这个男人的心，就不应该让他看透你；否则他和你相处得越久，就会越觉得没意思。就算你们最后真的走到一起，他迟早也会受不了这种平淡无奇的生活。”

“我不这样认为哦，跟我这样的女孩交往，不用猜来猜去，不是更省心吗？”卢瑶反驳。

“你错了，男人与异性相处的时候，最不需要的就是省心；相反，男人都是以猜女人为乐趣。如果你无法满足他的好奇心，他反而会觉得你是一个没有意思的人。”

寻求刺激、热爱挑战，是男人的天性，更是男人终其一生乐此不疲的追求。

在两性交往中，女孩想要彼此之间的感情长久维持，就要保留一点神秘的色彩，不要让对方一眼就看透你，否则会让对方彻底失去探秘的兴趣。只有让对方拥有遐想的空间，才能令其保持足够的重视。这并不是说女孩保持神秘是为了迎合男人的喜好，也绝非贬低、否定女性的身份地位。然而，就像人们要求男性在两性关系中有所担当、更多包容一样，我们建议女孩学会保持神秘，同样是从维护感情的角度出发，希望女孩能够运用一定的策略，在交往中占据主动权。

良好性格修炼术

每个人都应该有独属于自己的世界，有一处不为别人所知的天地。尤其是对男人来说，最大的诱惑就是未知的挑战和神秘，所以女孩其实是有必要掌握一些制造神秘的方法的。那么，女孩应该怎样让自己更神秘呢？

1. 凡事不要竹筒倒豆子

两性关系的确立，需要建立在双方对彼此有了一定了解的基础上。尤其是在恋爱初期，人们为了增进感情、促进了解，往往会选择有关自己的话题与对方畅聊。当话题谈到一定程度时，女孩应该懂得保留，不要一股脑地什么都和盘托出。不论是你心酸的过往还是私密的信息，都不要拿来做你们花前月下的谈资。过早、过多地向对方坦陈自己，只会让对方失去好奇心。若双方关系破裂，且对方心生恨意，甚至有可能令你陷入可怕的深渊。

2. 多说不如少说，瞎说不如会说

相对男性，许多年轻女孩更爱说话、更想说话。我们常看到的场景是，男女双方在交往中，通常都是女性话语连珠，乃至喋喋不休，而男性则静静地倾听、幸福地傻笑。然而，如果这种状态长久维持下去，那么男人脸上的傻笑只怕难以为继，乃至变为苦笑，甚至痛苦。两性交往中，女孩应学会少说话、多微笑，话说七分，点到为止。有些时候，甚至可以只说三分，让对方挖空心思去猜。

当然，对于这七分的保留，你应该做到心中有数：对方费尽心力后，至少能够猜出四到六分，并在这种探索中获得满足感、新鲜感。同时要注意的是，制造神秘感须适度，不可过于频繁。

3. 不按他的常理出牌

所谓的神秘感，就是要女孩让男友明白，他并没有完全了解你，他无法掌握你的思想、你的心意，你对他来说永远存在挑战。在两人相处到一定程度，彼此之间已经有了足够的了解时，面对自认为胜券在握、以为你会给出他预想中的答案的男友时，偶尔让他大跌眼镜一回，让他意识到你依旧保有一抹神秘。当然，这种出其不意应当自然一些、合理一些。如果只是为了制造意外而刻意为之，甚至胡搅蛮缠，则会事与愿违。

知识点链接

虽然制造神秘感可以帮助女孩在恋爱中掌握主动权，但是同时也要适度，过于矜持和过于做作都是不可取的，个中尺度还需要女孩根据自己的具体情况好好把握。

委婉含蓄比直来直往更奏效

生活中，我们不难发现，对于言谈举止直来直去的人，人们往往觉得他们豪迈坦荡、不拘小节。而这样的形容词，显然更适合男性。对于一个女孩来说，行事说话若总是直来直去、不懂得委婉含蓄，甚至过于强硬，那么无论在生活中还是在职场中，恐怕都要走一些弯路。

杰克是A市著名的企业家，他白手起家，经过二十多年的艰苦奋斗，拥有了一家自己的工厂。他是个从贫民窟走出来的孩子，名利双收后，他依旧坚持做最初的自己，从不摆架子。对于厂里的工人，他也一向温和有礼，从不会用老板的身份压制他们、批评他们。

这天中午，杰克循例在员工食堂吃了一顿简单的工作餐，原本要回到办公室午休的他一时兴起，来到车间巡视。这时，他发现一堆人围在一起说说笑笑，便准备过去打个招呼。原来，这十几个人一听到歇班铃响便冲去食堂匆匆吃了饭，然而趁着午休时间在车间里打牌娱乐。听着他们的欢声笑语，杰克微微一笑，走了过去。然而，看到他们每个人手中夹着的香烟，看着他们身后墙上挂着的“车间重地，严禁吸烟”的大木牌，杰克的眉头不禁皱了起来。

杰克没有动怒，而是走到工人中，随意地将手搭在一位工人肩上，然后轻松地说，“嘿，伙计们，看到你们精神这么好，我真高兴。对了，我刚买了一种新口味的雪茄，咱们一起去外面尝尝，如何？”

工人们听到杰克的话，听到他强调的“外面”，这才意识到自己这习惯成自然的行为违反了工厂的规定。他们顿时羞得满脸通红，赶紧随着杰克走到车间外，纷纷将烟头掐灭后扔进垃圾桶中。杰克没有批评他们，只是笑着给每一个人都发了一支雪茄，然后与他们一同吞云吐雾、侃侃而谈起来。

杰克这一举动，很快在工厂中传开。上到管理层，下到工人，人人都为杰克的风度竖起了大拇指。从这以后，再也没有人在工厂禁止的区域内抽烟，工人们干起活来也更加用心了。毕竟，跟着这样的老板，是每个打工者最大的幸运。

委婉的态度，可以缓和气氛、化解尴尬，让交流在更为轻松惬意的氛围中继续；含蓄的暗示，可以表明心意、提醒对方，让双方在尊重、友好的基础上获得良好的沟通效果。如果说直接、强硬的方式容易让最终的结果与最初的意愿背道而驰，那么委婉、含蓄往往能化腐朽为神奇，让女孩在众人的尊重与敬佩中赢得掌声。

良好性格修炼术

委婉含蓄是女孩人际交往的润滑剂，在与人交流时，女孩应该采取哪些方式，来婉转地表达心意呢？

1. 会用隐晦而又众所周知的话语

在交谈中，很多时候我们需要指明一些事，却又明白有些话语是人际交往中的大忌，无法直言，这时候，就可以采用一些看似隐晦而又为人们所知的话语去代替。例如，两个老太太聊天，一人劝另一人不要过于节俭，要学会享受生活，就可以说，“咱们都是黄土埋了大半截的人，还有什么看不开的！”在老年人看来，“死”是忌讳的词汇，而“黄土埋了大半截”则含蓄得多，既不会刺激老人敏感的神经，又含蓄地指出了事实，提醒对方要心中有数。

2. 在需要的时候及时岔开话题

谈话中突然出现冷场或尴尬，相信很多人遇到过这种情况。之所以出现这种情况，通常是因为话题触及某方的隐私或不愿谈论的问题。这时，女孩应该不动声色、委婉地对该话题敷衍两句，然后立即转换话题，从而使得交流继续进行。如果该话题是女孩此次交流的主要目的，那么女孩可以尝试在气氛缓和后重新提及。但是需要注意的是，一旦对方再次表示抗拒，那么女孩最好浅尝辄止，日后再寻求合适的机会与更好的方式来完成目标。

3. 借事言事、以物代物

与人交流时，对于一件事物，若我们不便直言相告或觉得不便启齿，可以借另一件与之特征大致相类的事物来指代。例如，曾经有一位西方记者问一位中国作家如何看待性文学，中国作家机智地以中国人与西方人的一个小习惯来代替直接的回答，作家说，“西方的朋友收到礼物会当着送礼人的面打开；而中国人则一般都会等客人离开了再拆礼物”。简单的一句话，就表明了中国人对待性文学的含蓄态度与西方人的开放直白不同。

知识点链接

心理学家J·皮尔旁特·摩根经过研究指出：“一个人去做一件事，通常有两种原因，一种是真正的原因，另一种则是听起来很动听的原因。”

犯错的人，很多时候是能够意识到自己的错误的，而且明白自己必须为此承担责任并寻求改善方法。在这个时候，他们的内心往往已经被愧疚和不安占据，如果有人仍不分青红皂白地指责他们，则会引起他们剧烈的逆反心理。原本已经决定痛改前非的他们，往往会为了保护自己的“面子”或利益而拒不认错，甚至错上加错。

因此，无论犯错者有没有真正认识到自己的错误，有没有下定决心改正，有没有找到错误的根源，女孩在与他们交流时，都应该含蓄一点、委婉一点，主动为他们找到那个“听起来很动听的原因”，让他们愿意配合，引导他们改正错误。

善意的谎言是一种善良和教养

一说到“谎言”，人们下意识的反应就是：假的、虚伪的、骗人的话、别有用心……可见，在我们心中，“谎言”绝不是善良、好意的代名词。但其实，谎言有千千万万种，促使人们说谎的原因也各不相同。

善意的谎言，细究起来也是谎言，然而，它与真正的谎言有着本质的区别。它并非出自说谎者的恶意，说谎者也并不是为了谋求私利。这样的谎言中，包含了说谎者的善心与关怀，包含了说谎者的风度涵养与处世哲学。

19世纪，法国文坛涌现出一大批举世闻名的文学家，其中，雨果和巴尔扎克更是两位文坛巨匠。前者是19世纪前期法国积极浪漫主义文学运动的领袖，更是法国文学史上最伟大的作家之一；后者则是法国现实主义文学成就最高者之一，被人们誉为现代法国小说之父。虽然两位大作家风格迥异，在生活中却是一对十分要好的朋友，经常来往。

一天，巴尔扎克来到雨果家做客，他怀着愉悦的心情，在雨果的陪伴下，开始了他的参观。来到雨果书房时，巴尔扎克一不小心，把雨果的笔筒碰到地上摔碎了。一想到这是雨果最心爱的笔筒，巴尔扎克懊恼得直皱眉。

这时，雨果反倒安慰起巴尔扎克来，他不仅连声阻拦巴尔扎克的道歉，还笑着说，"嘿，伙计，这不算什么。前两天有个行家来我这里做客，我才知道，这个笔筒不过是个赝品，不值钱的。一想到我把它当成宝贝呵护了那么久，我正骑虎难下，不知道怎么处理呢！"雨果的话，总算让巴尔扎克放松了。

看到这里，相信很多人已经会心一笑，猜到了真相：雨果的笔筒是个货真价实的古董，而且做工精良，价值不菲。看着笔筒碎片，雨果心中的惋惜，绝对超过巴尔扎克的想象。然而，宝物已经打碎，正所谓破镜难圆、覆水难收。为了安抚朋友的心情，雨果保持微笑、信口说谎的行为，谁能说不是温暖的、善良的、可爱的呢？

在我们还很小的时候，在我们还不识字的时候，或许大部分人就听过《狼来了》的故事。从小，我们就被这样教育：说谎是可耻的，说谎会严重影响我们的形象。然而，凡事都有两面性，说谎也不外如是。谎言可能是丑恶的，也可以是美好的；它可能摧毁人与人之间的信任，也可以挽救一颗濒临破碎的心。谎言本身没有善恶好坏之分，关键在于说谎者的目的与心态。

良好性格修炼术

虽说善意的谎言不同于真正的谎言，但毕竟也不是真话，如果运用不得当，很可能给自己与他人造成困扰。那么，女孩在出于善意而说谎时，应该注意哪些方面，才能使自己达成目的、不至于违背初衷呢？

1. 心中有爱

善意的谎言，通常出自善良的心灵，出自人们对于他人的爱护与关心。一个人为了体贴、包容他人，为了惠及众生而说出的谎，才能称作善意的谎言。一个人为了自私自利、为了假公济私、为了损人利己而说出的谎，毫无善意可言，绝无仁爱之心，那样的谎言，最为丑陋，最为可耻。

2. 甄别目的

一句谎言是否能够定义为善意的谎言，关键在于这个谎言的出发点，在于说谎者的真正目的与最大受益人。首先，善意的谎言必须建立在不违反公共道德与法规的基础上；其次，谎言的最终、最大受益人应是被骗者，而不是说谎者。有这样一个小笑话，调皮的男孩在学校闯了祸，老师让请家长，男孩却因为害怕挨打而没有照做。第二天，老师质问男孩时，男孩说："我不忍心让爸爸又因为打我而打肿了自己的手，这是善意的隐瞒"。看完这则笑话，相信女孩已经明白，判断谎言是否真正属于善意，要看说谎者的出发点和最终受益人。

3. 少说为妙

不管女孩是为了什么而说谎，是为了给予他人希望也好，是为了鼓舞他人奋发向上也好，是为了保护他人心中的美好也好，是为了照顾他人的颜面也好——无论拥有怎样数不胜数、冠冕堂皇的理由，女孩也要记住，善意的谎言也是谎言，在人际交往中，频繁地说谎，绝不是智慧的选择。俗话说，世上没有不透风的墙，一旦你的那些谎言被逐个拆穿，那么，即便你问心无愧，即便你天地无私，即便有人能够明白你的苦心，你在大部分人心中的形象也会大打折扣。

知识点链接

人们只要说谎，就会表现得不自然？事实并非如此。心理学家经过研究发现，在很多时候，人们会不假思索地对他人撒谎，并且自己对此毫无察觉，或并不认为这是在撒谎。例如，对着胖子说“你又瘦了，继续加油”；拒绝别人的邀请时说“家里有点事，今天不去了，改天请你吃饭”；约会迟到时说“对不起，又遇上堵车了”……这些谎言，往往出于人际交往时的礼貌需要，因此并不算是心存恶意的坏行为。正是由于人们普遍在心中默认了这种谎言的“合理性”，因此在撒这种谎时，并不会有认知上的不协调，也不会出现真正撒谎时常见的生理变化，如瞳孔扩大、面部发红、频繁眨眼、语句不连贯等。

把“不”字说得婉转一些

有些时候，对于很多人来说，当别人向自己求助时，答应对方和拒绝对方，同样让自己十分为难，倍感头疼。答应对方，怕自己力有不逮，怕损害了自身的利益或触犯了自身的底线；拒绝对方，又怕对方颜面受损，怕彼此之间的良好关系因此而画上句点。其实，这种时候，只要我们学会委婉地表达“不”，并不会伤害对方的自尊，也能够继续维持双方的关系。

自从戴磊结婚后，以“妻管严”著称的他就很少和兄弟哥们儿出来聚会。这天下班后，他居然主动打电话给兄弟范学，邀他出去喝两杯。范学挂上电话，心里就敲起了小鼓：这小子又打什么主意呢？

到了相约的酒馆，两人推杯换盏几番后，范学才从戴磊的明示暗示中听出了话音。原来，戴磊背着老婆，用准备买房子的首付钱去炒股，结果赔得惨不忍睹。眼见下月初就要去交首付了，戴磊怕老婆察觉钱少了，跟他吵闹。要知道，两人结婚时没有买房，老婆就一肚子不满意。婚后两人省吃俭用，常常加班、做兼职，再加上婚前的积蓄，好不容易攒下这笔首付钱。如今被戴磊这样糟蹋，老婆若知道了，只怕张口就要离婚。因此，戴磊四处找人借钱，想先渡过这个难关。

范学和戴磊原本是大学同窗，交情不算浅。而范学原本也是个热心肠，对于身边人的请求，向来有求必应，不会拒绝。然而，今天的范学却有苦难言。原来，今早老婆刚跟他商量过，要把家里的积蓄提出来借给小舅子买房。范学有心对戴磊直言相告，却又担心戴磊不信，反而怪他故意找借口。谁不知道他的小舅子是年轻有为的企业家，怎么会沦落到向姐姐借钱买房？然而，事情就是那么凑巧，小舅子在身怀六甲的女友的催促下，正准备买房结婚时，公司的资金出了一些问题，一时周转不开。而这也是暂时的，过个半年就会好转。为了省下那一大笔利息，小舅子便从各个亲戚家借了些钱，打算全款买房。

范学明白，这种无巧不成书的事，无论他说得多么真诚，戴磊也会将信将疑，因此他索性闭口不谈，只是一直打着哈哈，跟戴磊喝酒。好在，戴磊从头到尾，也没有直接提出借钱的请求。

眼看着夜幕降临，戴磊始终没有等到范学主动接过自己的话茬。范学只是劝他想开点，偶尔点评几句酒菜，并且不时抬起手腕看表。戴磊明白了范学的意思，举杯说："我就是心里烦，想找人聊聊天喝喝酒，你看，耽误你到现在。时候不早了，咱们干了杯中酒，就回去吧。"

拒绝他人，从来不是一件容易的事。尤其对于真诚善良、内心柔软的女孩来说，一个"不"字，更是重如千斤，很难说出口。然而，拒绝他人并一定是坏事，在必要的时候，为了不给他人虚假的希望，为了不增添自己的烦恼，为了保护彼此的利益和双方的关系，女孩必须学会拒绝。只要方式得当，态度得体，拒绝他人也可以很简单，可以很顺利。

良好性格修炼术

那么，女孩在面对自己无力应承的请求时，可以用哪些方式，向他人表达出你的拒绝呢？

1. 适当地保持沉默

当对方的请求超出你的能力范围或是违背你的真实意愿时，女孩不妨用沉默来表明态度。交流过程中，沉默往往表达了人们拒绝、不愿应承的态度。当他人有求于女孩时，女孩默不作声的状态往往能让对方明白女孩的意愿。而沉默这种回应方式，也给双方留下了退路，让求助者不必直接面对被拒绝的尴尬场面，让女孩不必直接开口拒人于千里之外。如今，许多用人单位也会采取这种方式，来婉拒一些不中意的应聘者。在面试最后阶段，面试官往往会让应聘者在一定时间内等待通知。过了这个期限，若用人单位保持沉默，应聘者没有接到通知，就会明白用人单位的意思。

2. 话不必说得很明白

在婉拒他人时，女孩可以使用一些意思含混不清的言辞来表明自己的态度，而不必将话说得清楚明白。女孩说出口的话是模糊的，但对方听到的意思是清晰的，如此便达到了婉拒人的目的。例如，某位编辑退还某作者的稿子时，表示："现在的市场并不是很流行这种风格，您再研究研究？"市场流行什么"风格"，作者需要怎么"研究"，这都是无法标准化的，也是无法具体说明的。编辑并没有直接说作品本身不好或是不行，而是用这样一种模糊的概念，委婉地表达了拒绝。

3. 肢体语言增添助力

人们在沟通时，通常会采用有声语言来表达自己的意思。但在有些时候，无声的肢体语言更能够帮助我们传情达意。例如，当我们不想继续交流下去时，可以刻意让交流对象注意到我们不停看表的动作，以此来提醒对方我们很忙碌、时间很紧迫；另外，我们还可以不时地揉眼睛、揉太阳穴、扭脖子等，暗示对方我们很累，需要结束这次沟通，以便休息。在无法直接开口拒绝他人时，肢体语言往往能够帮助我们更加婉转、更加容易地表达心意。

知识点链接

在力所能及的情况下为他人提供尽可能的帮助，是我们提倡的，也是女孩在人际交往中应当做到的。然而，在面对他人的请求时，女孩首先应有自知之明，懂得量力而为。否则，盲目地答应别人，一味地做老好人，不仅会耽误对方的事情，还会令自己疲惫不堪，甚至被对方误解，可谓好心办坏事，得不偿失。

保持低姿态是职场第一法则

春秋战国时期，吴越大战中，越国惨败，越王勾践入吴宫为奴。在吴国时，勾践包羞忍耻，为了获得吴王夫差的信任，甚至亲尝夫差粪便。被放回越国后，勾践卧薪尝胆，牢记教训，令越国国力逐渐恢复、强大起来；经过十几年的奋发图强，最终灭吴复仇，洗雪了往日的耻辱，并成为春秋时期最后一位霸主。

东汉末年，天下纷乱。乱世之中，一代枭雄刘备几乎被湮没在群雄那璀璨的星光中。面对慧眼识才的曹操，刘备巧借惊雷，躲过曹操的试探。后来，他三顾茅庐，一再放低姿态，请诸葛亮出山。他的每一次低头，都为自己带来了转机，最终，他成功地建立了蜀汉政权。

从古人身上，我们看到了“学会低头”的可贵之处。当今社会，风云变幻，错综复杂，想要立足于世，需要我们有坚忍不拔的毅力，同时也不能缺少与世周旋的柔术。俗话说：“退一步海阔天空。”暂时的退却是为下一次进步作更充分的准备。“学会低头”并非意味着懦弱、无能，恰恰相反，这是一种生活的智慧，能带给你另一种思考人生的角度。

如果用打牌来比喻人生，那么，当你不巧摸了一手烂牌时，不要抱着侥幸的心理，以为拼一拼也许能赢，只有傻瓜才会抱着这种侥幸心理。牌面不好，我们就要随之改变战略战术，以退为进，化攻为守，尽量把损失控制在最低的限度内，这才是聪明的做法。明明知道自己深陷泥淖，却还要使出全身力气向外爬，这样只会让自己陷得更深，沉得更快。

人生中有些事情，我们只能被动接受，就像打牌，摸到什么样的牌，你无法预料，也无法选择。为被动局面所困时，要学会退一步海阔天空。那么，当自己的主动选择出现偏差时，我们是逞匹夫之勇，一条道走到黑，还是及时调整我们的步伐，改变方向呢？很多时候，我们碍于面子，觉得既然是自己选择的，那么跪着也要走完。然而，既然我们明明知道走完了也不会有好的结果，那么为什么还要坚持下去呢？就像我们上错了一辆公交车，如果我们不在最近的站台下车，就会在错误的道路上越行越远。

在人生的道路上亦如是，执迷不悟地坚持行走在错误的方向上，是看不到最终的梦想与美好的。所以，我们应该向跪射俑学习，时刻保持着生命的低姿态，不断反省自己的想法与行为，及时调整自己的方向与步伐。我们一定要谨记，先低头的不一定就是输家，我们要尽量避免不必要的纷争与伤害，只有先保全自己，才能更好地发展自己。

孔子向老子问道时，老子说："舌头柔软，牙齿坚硬。然而，直到牙齿全部掉光，舌头依旧健在。"以柔克刚说的就是这个道理。柔弱未必抵不过刚强，很多时候，恰恰是毫不起眼的绕指柔战胜了人人敬畏的百炼钢。这也告诉我们一个做人的道理：在适当的时候，学会保持低姿态，绝不意味着懦弱、退缩，反而是一种人生的大智慧。

行走在漫漫人生路上，我们要牢记，退一步是为了能够跨越千山万水，退一步是为了看到远方曼妙的风景，退一步是为了于己于人留一番余地。今日的低头不会使我们跌入渊谷，不复翻身。看那苍穹中的雄鹰，它向下俯冲，是为了下一次展翅翱翔时飞向新的高度。

良好性格修炼术

作为职场新手，如果你想给老板、同事留下一个美好的职场形象，首先要学会藏起自己的锋芒，以一颗谦虚、低调的心来面对自己的工作，凡事多思考，不懂之处多请教，以一种低姿态来融入职场。初入职场的女孩可以参考以下几条具体做法。

1. 不要时时刻刻求关注

女孩初入职场，希望尽快崭露头角，得到领导、同事的认可，这种想法本无可厚非，但是，切忌时刻都想着表现自我。一个有智慧的女孩，应该先将绝大部分的时间用于充实自我，而后才在恰当的时机表现自我，这就是我们常说的厚积薄发。不分场合、不分时机地高调行事，极有可能引来麻烦，自毁前程。

2. 学会发扬优势，回避劣势

金无足赤，人无完人，一个人有优点就有缺点。对于我们的优势，我们应该挖掘并发扬；而对于我们的劣势，我们要学会藏拙。比如，一个初入职场的女孩文字功底特别强，但是她的口头表达能力不足。这个时候，她想向老板提出一个好的建议，那么她应该将她的建议书写出来交给老板，而不要直接与老板进行语言交流。这就要求每个女孩首先对自己有一个全面的认知，知己之长，知己之短，如此才能在面对问题时作出正确的判断与选择。

3. 不在背后搬弄是非

我们的职场就是一个小型的社会，里面活跃着形形色色的人。俗话说，人多口杂，工作中，难免会有许多真真假假的言语飘进我们的耳朵里。对于与工作无关的话语，特别是一些说人是非的话语，女孩们最好自动屏蔽，不要做好奇猫，不打听、不传播，否则容易祸从口出，给自己惹来麻烦。

知识点链接

做人低调并不意味着逆来顺受，更不是当自己遭遇不公正对待，甚至人格遭受侮辱时还睁一只眼闭一只眼。低调是在条件不成熟或时机不恰当时，先积蓄能量，储备实力，蓄势待发，为下一次的进步或迎接更好的机遇作好充分的准备。

参考文献

[1] 文轩 . 做个有完美性格的女孩 [M]. 北京：朝华出版社，2012.

[2] 韩佳宸 . 做个好性格的女孩 [M]. 北京：北京理工大学出版社，2016.

[3] 徐冬梅 . 用故事培养好性格女孩 [M]. 北京：清华大学出版社，2015.